大数据技术精品系列教材

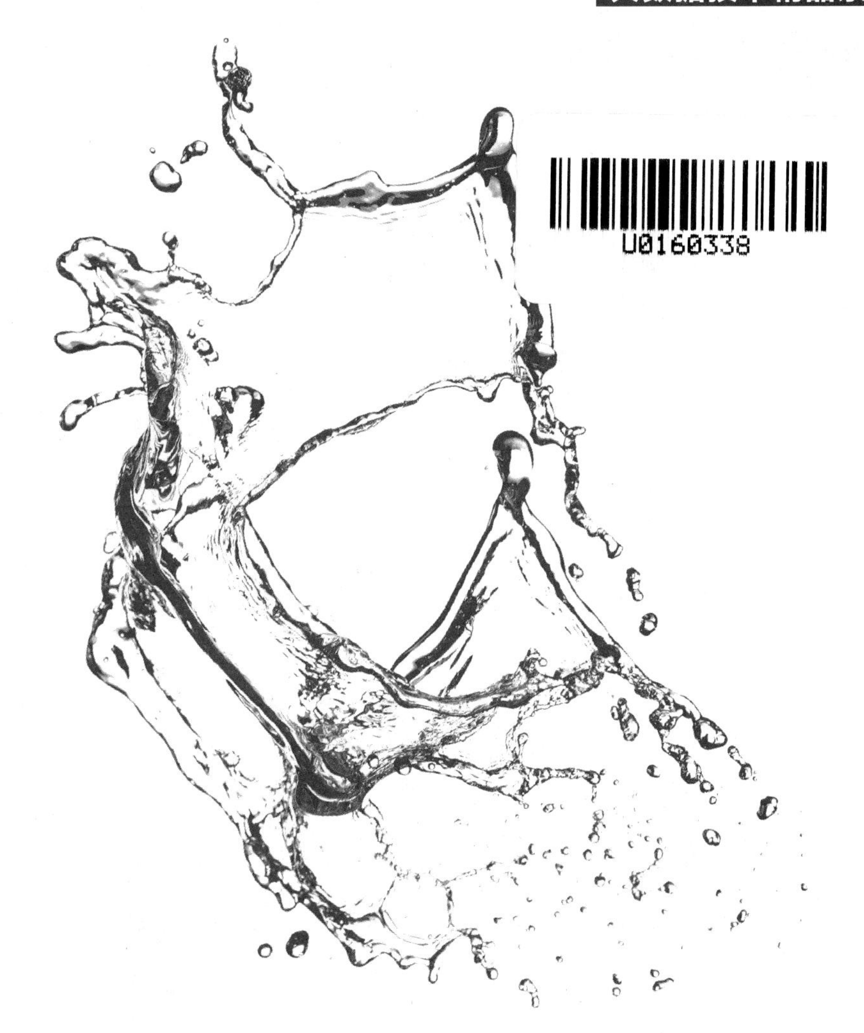

U0160338

PyTorch与深度学习实战

Hands-on Deep Learning with PyTorch

胡小春 刘双星 ◉ 主编

张良均 徐新爱 段晓东 ◉ 副主编

人 民 邮 电 出 版 社

北 京

图书在版编目（C I P）数据

PyTorch与深度学习实战 / 胡小春，刘双星主编. --
北京 ：人民邮电出版社，2023.11
大数据技术精品系列教材
ISBN 978-7-115-62850-3

Ⅰ. ①P… Ⅱ. ①胡… ②刘… Ⅲ. ①机器学习－教材
Ⅳ. ①TP181

中国国家版本馆CIP数据核字(2023)第189350号

内 容 提 要

本书以 PyTorch 深度学习的常用技术与真实案例相结合的方式，深入浅出地介绍使用 PyTorch 实现深度学习应用的重要内容。本书共 7 章，内容包括深度学习概述、PyTorch 深度学习通用流程、PyTorch 深度学习基础、手写汉字识别、文本生成、基于 CycleGAN 的图像风格转换、基于 TipDM 大数据挖掘建模平台实现文本生成等。本书大部分章包含实训和课后习题，希望通过练习和操作实践，帮助读者巩固所学的内容。

本书可以作为高等学校数据科学与大数据技术或人工智能相关专业的教材，也可作为深度学习爱好者的自学用书。

◆ 主　　编　胡小春　刘双星
副 主 编　张良均　徐新爱　段晓东
责任编辑　初美呈
责任印制　王　郁　焦志炜

◆ 人民邮电出版社出版发行　　北京市丰台区成寿寺路 11 号
邮编　100164　　电子邮件　315@ptpress.com.cn
网址　https://www.ptpress.com.cn
三河市君旺印务有限公司印刷

◆ 开本：787×1092　1/16
印张：13　　2023 年 11 月第 1 版
字数：257 千字　　2024 年 11 月河北第 5 次印刷

定价：49.80 元

读者服务热线：(010)81055256　印装质量热线：(010)81055316
反盗版热线：(010)81055315
广告经营许可证：京东市监广登字 20170147 号

大数据技术精品系列教材

专家委员会

序 FOREWORD

随着“大数据时代”的到来，移动互联网和智能手机迅速普及，多种形态的移动互联网应用蓬勃发展，电子商务、云计算、互联网金融、物联网、虚拟现实、智能机器人等不断渗透并重塑传统产业，而与此同时，大数据当之无愧地成为新的“产业革命核心”。

2019年8月，联合国教科文组织以联合国6种官方语言正式发布《北京共识——人工智能与教育》。其中提出，“通过人工智能与教育的系统融合，全面创新教育、教学和学习方式，并利用人工智能加快建设开放灵活的教育体系，确保全民享有公平、适合每个人且优质的终身学习机会”。这表明基于大数据的人工智能和教育均进入了新的阶段。

高等教育是教育系统中的重要组成部分，高等院校作为人才培养的重要载体，肩负着为社会培育人才的重要使命。2018年6月21日的新时代全国高等学校本科教育工作会议首次提出了“金课”的概念。“金专”“金课”“金师”迅速成为新时代高等教育的热词。如何建设具有中国特色的大数据相关专业，以及如何打造世界水平的“金专”“金课”“金师”“金教材”是当代教育教学改革的难点和热点。

实践教学是指在一定的理论指导下，通过实践引导，使学习者获得实践知识、掌握实践技能、锻炼实践能力、提高综合素质的教学活动。实践教学在高校人才培养中有着重要的地位，是巩固理论知识和加深理论理解的有效途径。目前，高校大数据相关专业的教学体系设置过多地偏向理论教学，课程设置冗余或缺漏，知识体系不健全，且与企业实际应用契合度不高，学生很难把理论转化为实践技能。为了有效解决该问题，“泰迪杯”数据挖掘挑战赛组委会与人民邮电出版社共同策划了“大数据技术精品系列教材”，这恰好与2019年10月24日教育部发布的《教育部关于一流本科课程建设的实施意见》(教高〔2019〕8号)中提出的“坚持分类建设”“坚持扶强扶特”“提升高阶性”“突出创新性”“增加挑战度”原则契合。

“泰迪杯”数据挖掘挑战赛自2013年创办以来，一直致力于推广高校数据挖掘实践教学，培养学生数据挖掘的应用和创新能力。挑战赛的赛题均为经过适当简化和加工的实际问题，来源于各企业、管理机构和科研院所等，非常贴近现实的热点需求。赛题中的数据只做必要的脱敏处理，力求保持原始状态。竞赛围绕数据挖掘的整个流程，从数据采集、数据迁移、数据存储、数据分析与挖掘，到数据可视化，涵盖企业应用中的各个环节，与目前大数据专业人才培养目标高度一致。“泰迪杯”数据挖掘挑战赛不依赖数学建模，甚至不依赖传统模型的竞赛形式，这使得“泰迪杯”数据挖掘挑战赛在全国各大高校反响热烈，且得到了全国各界专家、学者的认可与支持。2018年，“泰迪杯”增加了子赛项——数据分析技能赛，为应用型本科、高职和中职技能型人才培养提供理论、技术和资源方面的支持。截至2021年，全国共有超1000所高校，约2万名研究生、9万名本科生、2万名高职生参加了“泰迪杯”数据挖掘挑战赛和数据分析技能赛。

本系列教材的第一大特点是注重学生的实践能力培养，针对高校实践教学中的痛点，首次提出“鱼骨教学法”的概念。以企业真实需求为导向，学生学习技能时能紧紧围绕企业实际应用需求，将学生需掌握的理论知识，通过企业案例的形式进行衔接，达到知行合一、以用促学的目的。第二大特点是以大数据技术应用为核心，紧紧围绕大数据应用闭环的流程进行教学。本系列教材涵盖企业大数据应用中的各个环节，符合企业大数据应用真实场景，使学生从宏观上理解大数据技术在企业中的具体应用场景及应用方法。

在教育部全面实施“六卓越一拔尖”计划 2.0 的背景下，对如何促进我国高等教育人才培养体制机制的综合改革，以及如何重新定位和全面提升我国高等教育质量，本系列教材将起到抛砖引玉的作用，从而加快推进以新工科、新医科、新农科、新文科为代表的一流本科专业的“双万计划”建设；落实“让课程优起来、让学生忙起来、让管理严起来”措施，让大数据相关专业的人才培养质量有质的提升；借助数据科学的引导，在文、理、农、工、医等方面全方位发力，培养各个行业的卓越人才及未来的领军人才。同时本系列教材将根据读者的反馈意见和建议及时改进、完善，努力成为大数据时代的新型“编写、使用、反馈”螺旋式上升的系列教材建设样板。

汕头大学校长
教育部高等学校大学数学课程教学指导委员会副主任委员
“泰迪杯”数据挖掘挑战赛组织委员会主任
“泰迪杯”数据分析技能赛组织委员会主任

2021年7月于粤港澳大湾区

前 言 PREFACE

深度学习作为机器学习领域中一个新的研究方向，近年来已经在语音识别、计算机视觉等多种应用中取得了重大的突破和成果。人工智能作为“十四五”规划中的重点新兴产业，需要依托深度学习技术来实现。要研究和开发深度学习相关的技术，离不开深度学习框架的支持。PyTorch 作为一种流行的深度学习框架，因其入门简单且运行效率相对较高，正在被越来越多的人使用，因此编者特地编写了本书。本书深入浅出地介绍使用 PyTorch 实现深度学习的重要理论和实践等相关内容。本书全面贯彻党的二十大精神，以习近平新时代中国特色社会主义思想、社会主义核心价值观为引领，加强基础研究、发扬斗争精神，为建成教育强国、科技强国、人才强国、文化强国添砖加瓦。

本书特色

- 将理论与实践结合。本书以使用 PyTorch 实现深度学习的全流程为主线，针对常见的各类深度神经网络，通过图文并茂的方式介绍这些深度神经网络的原理，并通过实例介绍具体的 PyTorch 实现方式。
- 以应用为导向。本书针对深度学习的常见应用，如手写汉字识别、文本生成和图像风格转换等，从背景介绍到原理分析，再到任务案例的具体实现流程都进行了详细介绍，让读者明确如何利用所学知识来解决问题，并通过实训和课后习题巩固所学知识，帮助读者真正理解并应用所学知识。
- 注重启发式教学。本书大部分章以一个例子为开端，注重对读者思路的启发与解决方案的实施。通过对深度学习任务的全流程的体验，希望读者真正理解并掌握深度学习的相关技术。

本书适用对象

- 开设深度学习或人工智能相关课程的高校的学生。
- 深度学习应用的开发人员。
- 从事深度学习应用研究工作的科研人员。

- 关注深度学习应用的人员。

代码下载及问题反馈

为了帮助读者更好地使用本书，本书配套有原始数据文件、Python 程序代码，以及 PPT 课件、教学大纲、教学进度表和教案等教学资源，读者可以从泰迪云教材网站免费下载，也可登录人邮教育社区（http://www.ryjiaoyu.com）免费下载。

由于编者水平有限，书中难免出现一些疏漏和不足的地方。如果您有更多的宝贵意见，欢迎在“泰迪学社”微信公众号（TipDataMining）回复“图书反馈”后在相关链接中进行反馈。更多本系列图书的信息可以在泰迪云教材网站查阅。

编　者

2023 年 10 月

泰迪云教材

目录 CONTENTS

第 1 章 深度学习概述

在过去的几年中，深度学习（Deep Learning，DL）一直是各路媒体争相报道的热点话题。在人们描述的未来生活中，有具有智慧的各类机器人、自动驾驶汽车、虚拟演播主持人等；需要人类做的工作，将变得十分稀少。对刚接触深度学习的人而言，首要的问题是，深度学习是什么？深度学习为什么如此重要？深度学习现在取得了哪些进步？本章将介绍深度学习的必要背景知识和 PyTorch 框架的基本内容。

学习目标

（1）了解深度学习的定义和常见应用。
（2）了解深度学习与应用领域之间的联系。
（3）掌握 PyTorch 的安装方法。
（4）掌握 PyTorch 中预训练模型的调用方法。

1.1 深度学习简介

深度学习目前在很多领域的表现都优于过去的算法，尤其在图像分类、语音识别、人脸识别、视频分类与行为识别等领域有着不俗的表现。除此以外，深度学习还涉及与生活相关的纹理识别、行人检测、场景标记、门牌识别等场景。

人脸识别采用深度学习算法后的识别率，超过了目前非深度学习算法以及人类的识别率。深度学习技术在语音识别领域更是取得了突破性的进展，在大规模图像分类问题上的表现也远超传统方法。

1.1.1 深度学习的定义

深度学习是机器学习（Machine Learning，ML）领域中一个新的研究方向，它的引入使机器学习更接近最初的目标——人工智能（Artificial Intelligence，AI）。

深度学习的目标是学习样本数据的内在规律和表示层次。在 2015 年《自然》杂志中，存在与深度学习定义相关的内容：深度学习是具有多层次特征描述的特征学习，通过一些简单但非线性的模块将每一层特征描述（从未加工的数据开始）转化为更高一层的、更为抽象一些的特征描述。深度学习的关键在于这些层的特征不是由人工设计的，而是使用一种通用的学习步骤从数据中获取的。这些学习过程中获得的信息对文字、图像和声音等数据的解释有很大的帮助。

深度学习在搜索、数据挖掘、机器翻译、多媒体学习、语音识别、推荐和个性化以及其他相关领域都取得了很多成果。深度学习使机器模仿视听和思考等人类的活动，解决了很多复杂的模式识别难题，使得人工智能相关技术取得了很大进步。其最终目标是让机器能够像人一样具有分析、学习能力。

20 世纪 80—90 年代，由于计算机计算能力有限和相关技术的限制、可用于分析的数据量太小，深度学习在模式分析中并没有表现出优异的识别性能。在 2002 年，杰弗里 • 欣顿（Geoffrey Hinton）等提出受限玻耳兹曼机（Restricted Boltzmann Machine，RBM）的一个快速学习算法，即对比散度（Contrastive Divergence，CD）算法，启发了被广泛使用的深度信念网络（Deep Belief Network，DBN）等深度神经网络（Deep Neural Network，DNN）的出现。与此同时，能自动从数据中提取特征的稀疏编码技术也被应用于深度学习中。近年来，随着深度学习技术在图像领域上的应用，能够提取局部区域特征的卷积神经网络（Convolutional Neural Network，CNN）方法被大量研究。

1.1.2 深度学习的常见应用

深度学习的常见应用有图像分类、图像分割、图像生成、图像说明生成、图像风格转换、目标检测、物体测量、物体分拣、视觉定位、情感分析、无人驾驶、机器翻译、文本—语音转换、手写文字转录和音频生成等。

1. 图像分类

图像分类的核心是从给定的分类集合中，给图像分配一个标签。实际上，图像分类是指分析一个输入图像并返回一个将图像分类的标签。标签总是来自预定义的可能类别集。利用深度学习算法可以实现对猫的图像的分类，如图 1-1 所示。

图 1-1 猫的图像的分类

2. 图像分割

图像分割就是将图像分成若干个特定的、具有独特性质的区域并提取出感兴趣目标的技术和过程，它是从图像处理到图像分析的关键步骤。从数学角度来看，图像分割是将数字图像划分成互不相交的区域的过程。图像分割的过程也是标记的过程，即把属于同一区域的像素赋予相同的编号。对街道图像进行分割的结果如图 1-2 所示。

图 1-2　对街道图像分割的结果

3. 图像生成

有一种新的研究，能实现在生成图像的过程中不需要另外输入任何图像。只要前期网络学习大量的真实图像，即可由其自动生成新的图像。目前常见的生成模型有变分自解码器（Variational Autoencoder，VAE）系列、生成对抗网络（Generative Adversarial Network，GAN）系列等。其中生成对抗网络系列算法近年来取得了巨大的进展，生成对抗网络模型生成的图像效果达到了肉眼难辨真伪的程度。生成对抗网络模型生成的假动漫人物图像如图 1-3 所示。

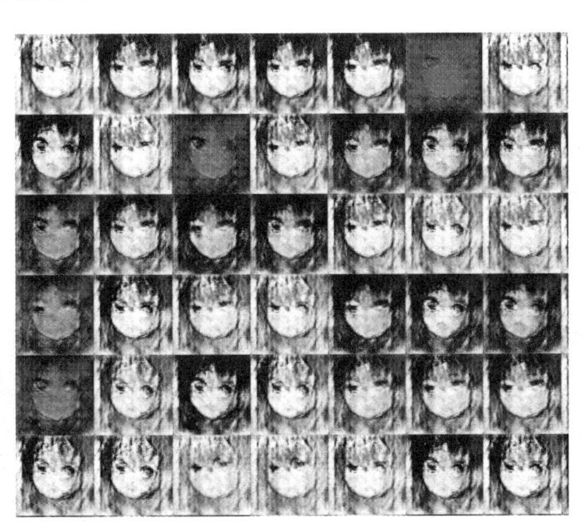

图 1-3　生成对抗网络模型生成的假动漫人物图像

4. 图像说明生成

神经图像说明（Neural Image Caption，NIC）模型会自动生成输入图像的介绍性文字，该模型由深层的卷积神经网络和自然语言处理的循环神经网络（Recurrent Neural Network，RNN）构成。卷积神经网络提取图像特征，循环神经网络生成文本。输入的原图像如图 1-4 所示，NIC 模型可以生成诸如"一群人正在骑马""一群人正在草原上骑马""一群人正在蓝天白云下的草原上骑马"等标题。

图 1-4　输入的原图像

5. 图像风格转换

图像风格转换利用卷积神经网络可以提取高层特征的效果，不在像素级别计算损失函数，而是将原图像和生成图像都输入一个已经训练好的神经网络（Neural Network）里，在得到的某种特征表示上计算欧氏距离（内容损失函数）。这样得到的图像与原图像内容相似，但像素级别不一定相似，且所得图像更具稳健性。输入两个图像，神经网络会生成一个新的图像。两个输入图像中，一个被称为"内容图像"，如图 1-5 所示；另外一个被称为"风格图像"，如图 1-6 所示。如果将凡·高的绘画风格应用于内容图像上，那么神经网络会按照风格绘制出新图像，其输出图像如图 1-7 所示。

图 1-5　内容图像

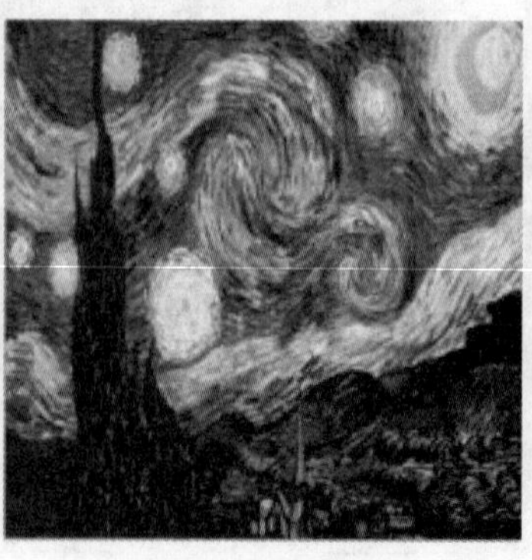

图 1-6　风格图像

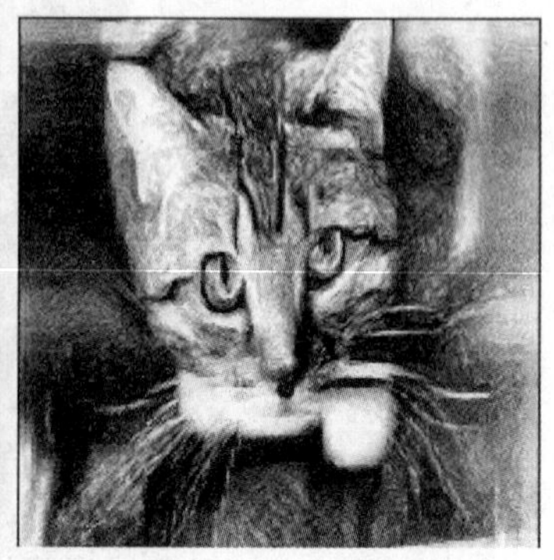

图 1-7　输出图像

6. 目标检测

目标检测就是从图像中确定物体的位置，并对物体进行分类。根据拍摄的图像对图像中的人和车辆进行检测，如图 1-8 所示。

图 1-8　目标检测

目标检测是机器视觉领域最主要的应用之一。例如，为了保障行车、行人的安全，路口安装的交通检测系统可检测汽车是否超速行驶、是否违规变道、是否闯红灯、是否遮挡车牌，驾驶员是否系安全带等。

人工检测存在着较多的弊端，如准确率低，长时间工作时，人工的准确性更是无法保障；而且检测速度慢，容易出现错判和漏判。因此，机器视觉在目标检测的应用方面也就显得非常重要。

目标检测比物体识别更难。原因在于目标检测需要从图像中确定物体的位置，有时图像中还有可能存在多个物体。对于这样的问题，人们提出了多个基于卷积神经网络的算法，这些算法有着非常优秀的性能。

在使用卷积神经网络进行目标检测的算法中，区域卷积神经网络（Region-Convolutional Neural Network，R-CNN）较早地被运用在目标检测上，因此该算法较为成熟。R-CNN 算法在提高训练和测试速度的同时提高了检测精度。

7. 物体测量

在日常生活中，物体测量通常是对物体的质量、长度、高度、体积等进行测量。机器视觉应用常使用光的反射进行非接触式测量。图 1-9 所示是某款手机使用非接触光学测量方法对桌子的测量。物体测量技术多应用于工业方面，主要包括对汽车零部件、齿轮、半导体元件引脚、螺纹等进行测量。

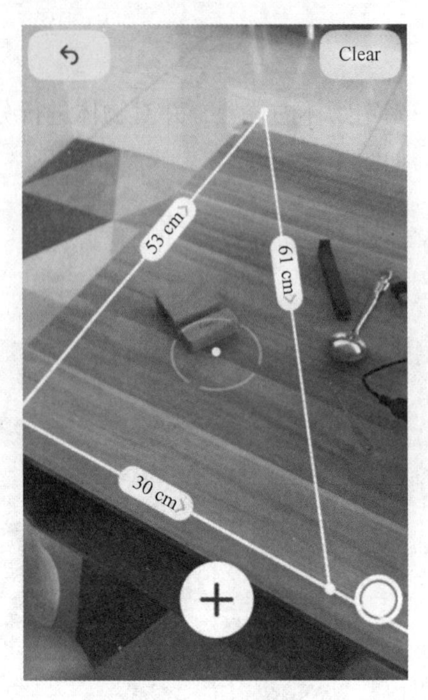

图 1-9　非接触光学测量

8. 物体分拣

物体分拣是在识别、检测之后的环节，通过机器视觉对图像中的目标进行检测和识别，实现自动分拣，如图 1-10 所示。物体分拣在工业应用领域常用于食品分拣、零件表面瑕疵自动分拣、棉花纤维分拣等。同时，物体分拣在物流、仓库中的运用更为广泛。在分拣过程中，机器按照物品种类、物品大小、物品出入库的先后顺序等方法对物体进行分拣。

图 1-10　物体分拣

9. 视觉定位

视觉定位要求机器能够快速、准确地找到被测零件并确认其位置，如图 1-11 所示。

在半导体封装领域，设备需要根据机器视觉取得芯片位置信息、调整拾取头、准确拾取芯片并绑定，这就是视觉定位在机器视觉工业领域的基本应用。

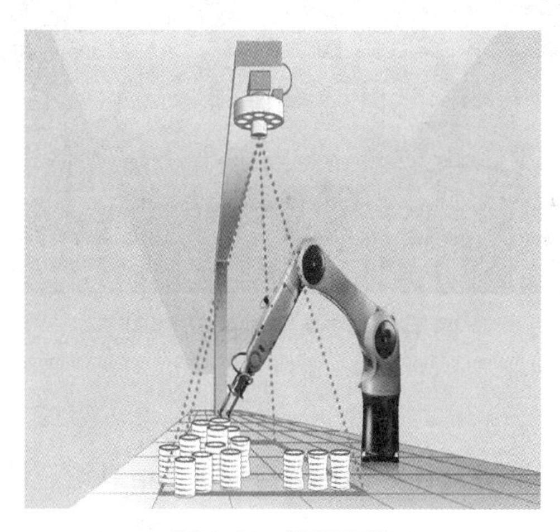

图 1-11 视觉定位

10. 情感分析

情感分析的核心就是从一段文字中判断评论者对评价主体做出的是好评还是差评。针对通用场景下带有主观描述的中文文本，深度学习算法可以自动判断该文本的情感极性类别并给出相应的置信度。情感极性分为积极、消极、中性或更多维的情绪。情感分析的例子如图 1-12 所示。

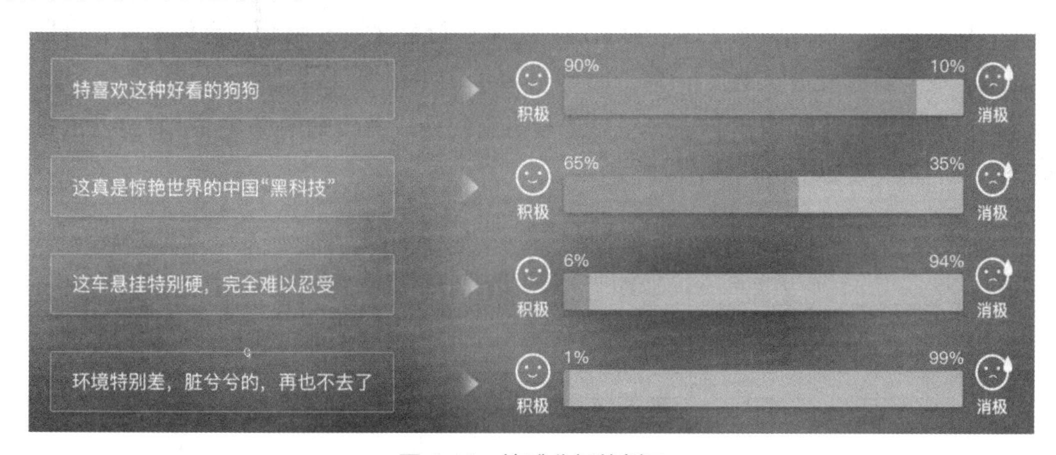

图 1-12 情感分析的例子

11. 无人驾驶

无人驾驶被认为是深度学习短期内能技术落地的一个应用方向，因此，很多公司投入大量资源在无人驾驶上，其中百度公司的无人巴士“阿波龙”已经在北京、武汉等地展开试运营。无人驾驶的行车视野如图 1-13 所示。未来生活中，深度学习算法在交通领域的应用，可能会创造出一个完全智能调度的移动出行网络。

图 1-13　无人驾驶的行车视野

12. 机器翻译

机器翻译技术的发展一直与计算机科学与技术、信息论、语言学等学科的发展紧密相随。从早期的字典匹配，到字典结合语言学专家知识的规则翻译，再到基于语料库的统计机器翻译，随着计算机运算能力的提升和多语言信息资源的"爆发式"增长，机器翻译技术逐渐开始为普通用户提供实时、便捷的翻译服务。

1954 年，英俄机器翻译试验的成功，向公众和科学界展示了机器翻译的可行性，从而拉开了机器翻译研究的序幕。1966 年，机器翻译研究因各种原因陷入了近乎停滞的状态。20 世纪 70 年代后，计算机科学与技术、语言学研究的发展，从技术层面推动了机器翻译研究的复兴。随着互联网的普遍应用、世界经济一体化进程的加速以及国际社会交流的日渐频繁，传统的人工作业方式已经远远不能满足迅猛增长的翻译需求，机器翻译迎来了一个新的发展机遇。

机器翻译的效果如图 1-14 所示，左边是需要翻译成英文的中文文本，右边是由机器翻译出来的英文文本。

生活就像海洋，只有意志坚强的人，才能到达彼岸。	Life is like the ocean, only those with strong will can reach the other side.

图 1-14　机器翻译的效果

13. 文本—语音转换

基于文本生成人工合成的语音，通常被称为文本—语音转换（Text to Speech，TTS），它有许多的应用，如应用于语音驱动的设备、导航系统、视力障碍者的设备。从根本上说，文本—语音转换能让人在不需要视觉交互的情况下与技术互动。百度研究院发布的"Deep Voice"是一个文本—语音转换系统，完全由深度神经网络构建。文本—语音转换将自然语言文本很自然、流畅地变为语音，也因此出现了语音小说，为读者阅读提供了便利。

14. 手写文字转录

手写文字转录是指自动识别用户手写体文字，并将其直接转化为计算机可以识别的文字。提取用户手写体字形的步骤包括利用文本行的水平投影进行行切分，以及利用文本列的垂直投影进行列切分；将提取的用户手写体字形特征向量与计算机字体的字形特征向量进行匹配，并建立用户手写体与计算机字体的对应关系，生成计算机可识别的文字。

15. 音频生成

WaveNet 是深度学习中卷积神经网络的一种变体，该网络直接对音频信号的原始波形进行建模，一次处理一个样本。除了能够生成听起来更自然的声音，使用原始波形意味着 WaveNet 可以建模几乎任何类型的音频。

WaveNet 应用领域之一便是音频生成。基于 WaveNet 生成的音频质量优于目前的文本到语音转换系统，缩小了计算机输出音频与人类自然语音的差距。

1.2 深度学习与应用领域

深度学习最早兴起于图像分类，但是在短短几年内，深度学习已经被推广到机器学习的各个领域。如今，深度学习在很多应用领域都有非常出色的表现，如计算机视觉、自然语言处理（Natural Language Processing，NLP）、语音识别（Speech Recognition，SR）、机器学习、人工智能等。深度学习使这些领域迎来了高速发展期。

1.2.1 深度学习与计算机视觉

计算机视觉是一门研究如何使机器“看”的科学，涉及计算机如何从数字图像或视频中获得高级理解。形象地说，即通过给计算机安装上“眼睛”（摄像头）和“大脑”（算法），让计算机能够感知环境，代替人眼对目标进行识别、跟踪和测量等操作，并对图像进行进一步处理，使图像更适合人眼观察或输入仪器。

计算机视觉既是工程领域，也是科学领域中的一个富有挑战性的重要研究领域。作为一门综合性的学科，计算机视觉已经吸引来自各个学科的研究者参与对它的研究。其中包括计算机科学与工程、信号与信息处理、物理学、应用数学和统计学、神经生理学和认知科学等学科。

计算机视觉是深度学习技术最早取得突破性成就的领域。在 2010 年到 2011 年间，基于传统机器学习的算法并没有带来准确率（预测正确的样本数量占总样本数量的比例）的大幅度提升，在 2012 年的 ImageNet 大规模视觉识别竞赛（ImageNet Large Scale Visual

Recognition Challenge，ILSVRC）中，欣顿教授研究小组利用深度学习技术在 ImageNet 数据集上将图像分类的错误率（预测错误的样本数量占总样本数量的比例）大幅度降低了约 16%。在 2012 年到 2015 年间，通过对深度学习算法的不断研究，深度学习在 ImageNet 数据集上实现图像分类的错误率以较大的速度递减，这说明深度学习打破了传统机器学习算法在图像分类上的瓶颈，使得图像分类问题更好地得到了解决。

在 ImageNet 数据集上，深度学习不仅突破了图像分类的技术瓶颈，同时也突破了物体识别的技术瓶颈。相对于图像分类，物体识别的难度更高。图像分类问题只需判断图像中包含哪种物体，但在物体识别问题中，需要给出所包含物体的具体位置，而且一张图像中可能出现多个需要识别的物体，所有可以被识别的物体都需要用不同的方框标注出来。

在物体识别问题中，人脸识别是应用非常广泛的技术，它既可以应用于娱乐行业，又可以应用于安防、风控行业。在娱乐行业中，基于人脸识别的相机自动对焦、自动美颜等功能基本已经成为每款拍照软件的必备功能。在安防、风控行业人脸识别的应用更是大大地提高了工作效率并节省了人力成本。例如，在互联网金融行业，为了控制贷款风险，在用户注册或贷款发放时需要验证个人信息，个人信息验证中一个很重要的步骤是验证用户提供的证件上的人和用户是否为同一个人，通过人脸识别技术，这个过程可以被更高效地实现。

在计算机视觉领域，光学字符识别（Optical Character Recognition，OCR）也较早地使用了深度学习。早在 1989 年，卷积神经网络就已经成功应用到识别手写邮政编码的问题上，达到接近 95%的准确率。而在 MNIST 手写体数字识别数据集上，最新的深度学习算法可以达到 99.77%的准确率，这也超过了人类的表现。

光学字符识别在金融界的应用十分广泛，在 21 世纪初期，杨立昆（Yann LeCun）教授将基于卷积神经网络的手写体数字识别系统应用于银行支票的数额识别，此系统在 2000 年左右已经处理了某国全部支票数量的 10%～20%。数字识别技术也可以应用到地图的开发中，某公司实现的数字识别系统可以从街景图中识别任意长度的数字，并在街景房屋编号（Street View House Number，SVHN）数据集上达到约 96%的准确率。除此之外，汉字识别技术可以将扫描的图书数字化，从而实现图书内容的搜索功能。

1.2.2 深度学习与自然语言处理

自然语言处理是人工智能和语言学领域的分支学科。自然语言处理包含机器理解、解释和生成人类语言的方法，因此，也将自然语言处理描述为自然语言理解（Natural Language Understanding，NLU）和自然语言生成（Natural Language Generation，NLG）。传统的自然语言处理方法采用基于语言学的方法，它基于语言的基本语义和句法元素（如词性）构建。基于深度学习的自然语言处理避开了对中间元素的需求，并且可以针对通用任务学习该任务本身的层次表示。

1966 年美国自动语言处理咨询委员会的报告对机器翻译从流程到实施成本提出疑问，导致相关投资方减少了资金投入，使得自然语言处理的研究几乎停滞。1960 年到 1970 年的 10 年是世界知识研究的一个重要时期，该时期强调语义而非句法结构，探索名词和动词的语法在这个时代非常重要。1960 年到 1970 年的 10 年间出现了处理诸如短语的增强过渡网络，以及以自然语言回答的语言处理系统 SHRDLU。随后又出现了 LUNAR 系统，即一个将自然语言理解与基于逻辑的系统相结合的问答系统。在 20 世纪 80 年代初期，基于语法研究自然语言的阶段开始了。语言学家定义了不同的语法结构，并将其开始与用户想表达的短语关联起来，开发出许多自然语言处理工具，如 SYSTRAN、METEO 等。这些工具在翻译、信息检索中被大量使用。

20 世纪 90 年代是统计语言处理的时代，在大多数基于自然语言处理的系统中，使用了许多新的处理数据的方法，例如使用语料库进行语言处理或使用基于概率和分类的方法处理语言数据。

2000 年初期，在自然语言学习会议上，出现了许多有趣的自然语言处理研究，如分块、命名实体识别和依赖解析等。在此期间诞生了很多成果，如约书亚·本希奥（Yoshua Bengio）提出的第一个神经语言模型，使用查找表来预测单词。随后提出的递归（Recursion）神经网络和长短时记忆模型被自然语言处理广泛应用，其中帕宾（Papineni）提出的双语评估模型直到今天仍被用作机器翻译的标准度量。

此后出现的多任务学习技术使得机器可以同时学习多个任务，米科洛夫（Mikolov）等人提高了本希奥提出的训练词嵌入的效率，并通过移除隐藏层产生 Word2Vec，在给定附近单词的情况下准确预测中心单词。通过学习单词的密集向量表示，Word2Vec 能够捕获各种语义和关系，从而可以完成诸如机器翻译之类的任务，并能够以无监督的方式实现“迁移学习”。

随后出现的基于序列（Sequence）学习的通用神经框架，由编码器神经网络处理输入序列，解码器神经网络根据输入序列状态和当前输出状态来预测输出。基于序列学习的通用神经框架在机器翻译和问题解答方面都取得了不错的应用效果。

1.2.3 深度学习与语音识别

语音识别是指能够让计算机自动地识别语音中所携带信息的技术。语音是人类实现信息交互最直接、最便捷、最自然的方式之一。自人工智能的概念出现以来，让计算机甚至机器人像自然人一样实现利用语音交互信息就一直是人工智能领域研究者的梦想。

最近几年，深度学习理论在语音识别领域和图像分类领域取得的许多成果，使其迅速成为当下学术界和产业界的研究热点，为处在瓶颈期的语音识别领域提供了一个强有力的工具。在语音识别领域，深度神经网络模型给处在瓶颈阶段的传统的隐马尔可夫模型（Hidden Markov Model，HMM）带来了巨大的革新，使得语音识别的准确率又上了一个新的台阶。

2012 年的“二十一世纪的计算”国际学术研讨会（Computing in the 21st Century Conference）上，微软公司高级副总裁理查德·拉希德（Richard Rashid）现场演示了微软公司开发的从英语翻译到汉语的同声传译系统。同声传译系统不仅要求计算机能够对输入的语音进行识别，而且要求计算机将识别出来的结果翻译成另外一门语言，并将翻译好的结果通过语音合成的方式输出。

同时，百度公司也将深度学习应用于语音识别的研究，使用了深层卷积神经网络等结构，并将长短时记忆（Long Short-Term Memory，LSTM）网络与基于连接时序分类算法（Connectionist Temporal Classification，CTC）的端到端语音识别技术相结合，使得语音识别的准确率有所提高。

2016 年 9 月，微软公司的研究者在产业标准 Switchboard 语音识别任务上，使对话语音识别错误率降至 6.3%。我国坚持科技自立自强，国内科大讯飞提出了基于前馈型序列记忆网络（Feedforward Sequential Memory Network，FSMN）的语音识别系统，该系统使用了大量的卷积层直接对整句语音信号进行建模，更好地表达了语音的长时相关性，其效果比学术界和工业界的双向循环神经网络语音识别系统的识别率提升了 15%以上。由此可见，深度学习技术对语音识别率的提高有着不可忽略的贡献。

1.2.4 深度学习与机器学习

为了更好地理解深度学习和机器学习的关系，现绘制它们之间的包含关系，如图 1-15 所示。深度学习是机器学习的一个子领域，它除了可以学习特征和任务的关联以外，还能自动从简单特征中提取更加复杂的特征。

机器学习是人工智能的一个子领域，过去的 10 年中变得很流行。与人工智能一样，机器学习不是一种替代方案，而是对传统程序方法的补充。机器学习是根据输入与输出编写算法，最终获得一套规则；而传统程序是根据输入，编写一套规则，从而获得理想的输出。传统程序和机器学习的流程对比，如图 1-16 所示。

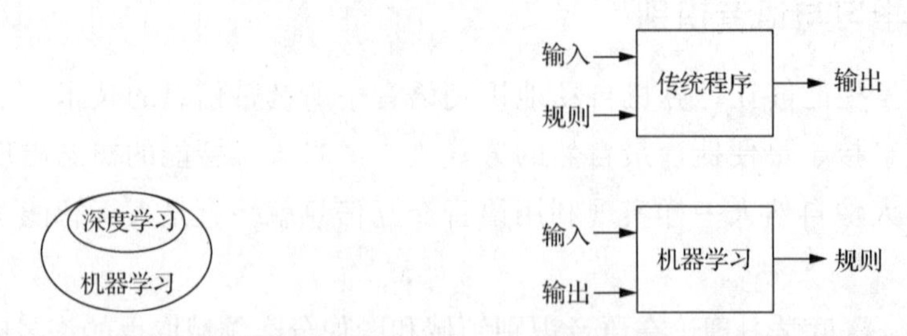

图 1-15 深度学习和机器学习的包含关系　　图 1-16 传统程序和机器学习的流程对比

大多数机器学习在结构化数据（例如销售预测、推荐系统和营销个性化）上表现良好。影响机器学习效果的一个重要环节是特征工程，数据科学家需要花费大量时间来使机器学习算法能够正常执行且取得满意的效果。但在某些领域，如自然语言处理的特征工程则面临着高维度问题的挑战。在面对高维度问题时，使用经典的机器学习技术（例如线性回归、随机森林等）来解决就非常具有挑战性。

机器学习的一个特殊分支称为深度学习。传统的机器学习算法，通过人工提取特征的方式来训练算法，而深度学习算法能够以自动提取特征的方式来训练算法。

例如，利用深度学习算法来检测图像是否包含面部特征，从而实现对面部特征的提取。其中深度学习网络第一层检测图像的边缘，第二层检测五官形状（如鼻子和眼睛），最后一层检测面部形状或更复杂的结构。每层都基于上一层的数据表示进行训练。

随着图形处理单元（Graphics Processing Unit，GPU）、大数据以及诸如 Torch、TensorFlow、Caffe 和 PyTorch 之类的深度学习框架的兴起，深度学习在过去几年中得到了极大的发展。除此之外，大公司开源在庞大数据集上训练的模型，帮助初创企业能较轻松地在多个用例上构建先进的系统。

1.2.5 深度学习与人工智能

人工智能是计算机科学的一个分支，它意图了解智能的本质，并生产出一种新的、能以与人类智能相似的方式做出反应的智能机器，对模拟、延伸和扩展人类智能的理论、方法和技术进行研究与开发，是一门技术科学。当输入的普通图像没有其他任何相关信息时，在对象检测以及字典的帮助下，计算机可以对图像的信息进行理解并输出相应的标题，即智能的一种体现。

人工智能目前可以按学习能力分为弱人工智能、强人工智能和超人工智能。

（1）弱人工智能：弱人工智能（Artificial Narrow Intelligence，ANI），只专注于完成某个特定的任务，是擅长如语音识别、图像分类和翻译等单个方面的人工智能。弱人工智能是为解决特定的、具体类型的任务问题而存在的，大都基于统计数据，并能以此归纳出模型。由于弱人工智能只能处理较为单一的问题，且发展程度并没有达到模拟人脑思维的程度，所以弱人工智能仍然属于“工具”的范畴，与传统的“产品”在本质上并无区别。

（2）强人工智能：强人工智能（Artificial General Intelligence，AGI），属于人类级别的人工智能。强人工智能几乎在各方面都能和人类比肩，它能够做出思考、计划、解决问题、抽象思维、理解复杂理念、快速学习和从经验中学习等行为，并且和人类一样得心应手。

（3）超人工智能：超人工智能（Artificial Super Intelligence，ASI），在几乎所有领

域都比人类大脑聪明许多，包括科学创新、通识和社交技能。在超人工智能阶段，人工智能已经跨过“奇点”，其计算和思维能力已经远超人脑。此时的人工智能已经不是人类可以理解和想象的了。人工智能将打破人脑受到的维度限制，其所观察和思考的内容，人脑已经无法理解，人工智能将形成一个新的社会。

简而言之，机器学习是实现人工智能的一种方法，而深度学习是实现机器学习的一种技术。可以说，人工智能的根本在于智能，而机器学习则是支持人工智能的计算方法，深度学习是实现机器学习的一种方式。

1.3 PyTorch 简介

2017 年 1 月，脸书人工智能研究院（现为元宇宙人工智能研究院）在 GitHub 上公布了 PyTorch 深度学习框架的代码，这条消息迅速占领 GitHub 热度榜榜首。

PyTorch 的特点是拥有生态完整性和接口易用性，这两个特点使 PyTorch 成为当下最流行的动态框架之一。

1.3.1 各深度学习框架对比

目前常用的深度学习框架还有 TensorFlow、Caffe/Caffe2、Keras、CNTK、MXNet 等。这些深度学习框架被应用于计算机视觉、自然语言处理、语音识别、机器学习等多个领域。

1. TensorFlow

2015 年，谷歌公司宣布推出全新的机器学习开源工具 TensorFlow。TensorFlow 基于深度学习基础框架 DistBelief 构建而成，主要用于机器学习和深度神经网络。一经推出，它就获得了较大的成功，并迅速成为用户最多的深度学习框架。在 2019 年，谷歌推出了 TensorFlow 2.0。TensorFlow 1.x 和 2.x 各有优势，1.x 版本使用静态图进行运算，运算速度会比 2.x 版本的动态图运算快，但是 2.x 版本构建网络的过程比 1.x 版本的简单。

因为 TensorFlow 得到了专业人员的开发、维护，所以该框架有着良好的发展性。同时，TensorFlow 还拥有众多低级、高级接口，使得其功能十分丰富。但是，由于 TensorFlow 发展过快，出现了接口、文档混乱的问题。

2. Caffe/Caffe2

Caffe 的全称是 Convolutional Architecture for Fast Feature Embedding（用于快速嵌入的卷积结构），同样是高效的深度学习框架，支持命令行、Python 和 MATLAB 接口，支持在中央处理器（Central Processing Unit，CPU）上运行，也可以在 GPU 上运行。

Caffe2 继承了 Caffe 的优点，速度更快，现在仅需 1h 就可以训练完 ImageNet 这样超大规模的数据集。Caffe2 尽管已上市很长时间了，但仍然是一个不太成熟的框架，Caffe 的官网至今也没有提供完整的文档。

Caffe 的特点概括起来为全平台支持、性能优异，不足之处是文档不够完善。

3. Keras

Keras 由 Python 编写而成，并使用了 TensorFlow、Theano 以及 CNTK 作为后端。Keras 1.1.0 以前的版本主要使用 Theano 作为后端，这是因为 Keras 本身并不具备底层运算的能力，所以需要具备这种能力的后端协同工作。在 TensorFlow 开源后，Keras 开始支持 TensorFlow 作为后端。随着 TensorFlow 受欢迎程度的增加，Keras 开始将 TensorFlow 作为默认后端。Keras 的特性之一就是可以改变后端，从一个后端训练并保存的模型可以在其他后端加载和运行。

在 TensorFlow 2.0 发布时，Keras 成为 TensorFlow 的官方应用程序接口（Application Program Interface，API），即 tf.keras。该 API 用于快速设计和训练模型。随着 Keras 2.3.0 的发布，作者声明 Keras 2.3.0 是 Keras 首个与 tf.keras 同步的版本，也是最后一个支持多个后端（Theano、CNTK）的版本。

4. CNTK

CNTK 是微软公司开发的深度学习框架，目前已经发展成一个通用的、跨平台的深度学习系统，在语音识别领域的使用尤其广泛。CNTK 拥有丰富的神经网络组件，使得用户不需要编写底层的 C++或计算统一设备体系结构（Computer Unified Device Architecture，CUDA）就能通过组合这些组件设计新的、复杂的层（Layer）。

同样，CNTK 也支持 CPU 和 GPU 两种开发模式。CNTK 以计算图的形式描述结构，叶子节点代表输入或者网络参数，其他节点代表计算步骤。CNTK 同时也拥有较高的灵活度，通过配置文件定义网络结构，通过命令行程序执行训练，支持构建任意的计算图，也支持 AdaGrad、RMS Prop 等优化方法。

5. MXNet

MXNet 是一个深度学习库，支持主流的开发语言，如 C++、Python、R、MATLAB、JavaScript；也支持命令行和程序，可以运行在 CPU、GPU 上。它的优势在于对同样的模型，MXNet 占用更小的内存和显存，在分布式环境下更优于其他框架。

为了完善 MXNet 生态圈，MXNet 先后推出包括 MinPy、Keras 等诸多接口，但目前也停止了更新。MXNet 的特点概括起来是分布式性能强大、支持的开发语言丰富，但文档完整性不够，稍显混乱。

各类框架的优缺点如表 1-1 所示。

表 1-1　各类框架的优缺点

框架	优点	缺点
TensorFlow	设计的神经网络代码简洁、分布式深度学习算法的执行效率高、部署模型便利、迭代更新速度快、社区活跃程度高	非常底层，需要编写大量的代码，入门比较困难、必须一遍又一遍重新造轮子、过于复杂的系统设计
Caffe/Caffe2	通用性好、非常稳健、非常快速、性能优异、几乎为全平台支持	不够灵活、文档非常贫乏、安装比较困难、需要大量的依赖包
Keras	语法明晰、文档友好、使用简单、入门容易	用户绝大多数时间在调用接口，很难真正学到深度学习的内容
CNTK	通用、跨平台，支持多机、多 GPU 分布式训练，训练效率高，部署简单，性能突出，擅长语音方面的相关研究	目前不支持 ARM 架构，限制了其在移动设备上的发挥，社区不够活跃
MXNet	支持的编程语言最多，支持大多数编程语言，这使得使用 R 语言的开发者特别偏爱 MXNet，适合在 AWS 平台使用	文档略显混乱
PyTorch	代码简洁、易于理解、易用。在许多评测中，PyTorch 的速度胜过 TensorFlow 和 Keras 等，社区活跃、文档完整	API 的整体设计粗糙，部分错误难以找到解决方案

1.3.2　PyTorch 生态

相较于年轻的 PyTorch，TensorFlow 由于发布较早，用户基数大、社区庞大，生态相当完整，从底层张量运算到云端模型部署，TensorFlow 都可以做到。尽管 PyTorch 发布较晚，但 PyTorch 仍然有着较为完备的生态环境。不同应用领域对应的 PyTorch 库如表 1-2 所示。

表 1-2　不同应用领域对应的 PyTorch 库

应用领域	对应的 PyTorch 库
计算机视觉	TorchVision
自然语言处理	PyTorch NLP、Allen NLP
图卷积	PyTorch Geometric
工业部署	ONNX
上层 API	Fastai

对于计算机视觉，PyTorch 有应用广泛的 TorchVision 库；对于自然语言处理，PyTorch 有 PyTorch NLP、AllenNLP 库；对于图卷积这类新型图网络，有 PyTorch Geometric 库；对于工业部署，ONNX（Open Neural Network Exchange，开放神经网络交换）库能保证模型的顺利部署；对于上层 API，基于 PyTorch 的 Fastai 库相当简洁。

1.3.3 PyTorch 特点

在众多的深度学习框架中，PyTorch 是比较高速快捷、简单易学的框架，该框架同时具备了简洁、快速、易用、拥有活跃的社区和使用动态方法计算等特点。

1. 简洁

简洁的好处就是代码易于理解。PyTorch 的设计追求最少的封装，遵循着 tensor → variable（autograd）→nn.Module 3 个由低到高的抽象层次，分别代表高维数组（张量）、自动求导（变量）和神经网络，而且这 3 个抽象层次之间关系紧密，可以同时进行修改等操作。

2. 快速

PyTorch 的灵活性不以牺牲速度为代价，在很多评测中，PyTorch 的速度表现胜过 TensorFlow 和 Keras 等框架。

3. 易用

PyTorch 是面向对象设计的。PyTorch 的面向对象接口设计来源于 Torch，而 Torch 的接口设计以灵活易用而著称。PyTorch 继承了 Torch 的优点，使得 PyTorch 的接口设计符合程序员的设计思维。

4. 拥有活跃的社区

PyTorch 提供了完整的学习文档，开发人员在论坛能及时和用户交流，谷歌人工智能研究院对 PyTorch 提供了强大的技术支持。

5. 使用动态方法计算

动态方法使得 PyTorch 的调试相对简单。模型中的每一个步骤、每一个流程都可以被使用者轻松地控制、调试、输出。

在 PyTorch 推出之后，各类深度学习问题都有利用 PyTorch 实现的解决方案。PyTorch 正在受到越来越多的人的喜爱。

当然，现如今任何一个深度学习框架都有缺点，PyTorch 也不例外。对比 TensorFlow，PyTorch 的大部分性能处于劣势，目前 PyTorch 还不支持快速傅里叶变换、沿维翻转张量和检查无穷与非数值张量，针对移动端、嵌入式部署以及高性能服务器端的部署，PyTorch 的性能表现有待提升。

1.3.4 PyTorch 安装

在开始用 PyTorch 进行深度学习之前，首先要准备好基本的软、硬件环境。对于国家而言，没有坚实的物质基础，就不可能全面建成社会主义现代化强国。下面从操作系统、安装等方面讲一下基本的 PyTorch 的安装过程。

1. 操作系统

PyTorch 支持的操作系统有 Windows、Linux、macOS。

Windows、Linux 和 macOS 均可满足 PyTorch 的简单使用要求。如果需要高度定制化的操作，如定义 CUDA 函数，那么建议使用 Linux 或者 macOS。

想深入学习 PyTorch，计算机中需要有 GPU。没有 GPU，许多实验很难进行，而 CPU 只适用于数据集很小的情形。

2. 下载并安装 CUDA 驱动程序

CUDA 驱动程序的下载步骤如下。

（1）在浏览器地址栏输入下载 CUDA 驱动程序的网址，选择对应的操作系统的类型，这里以安装 Windows 操作系统的 CUDA 驱动程序为例进行讲解，目标平台如图 1-17 所示，单击“Windows”按钮。

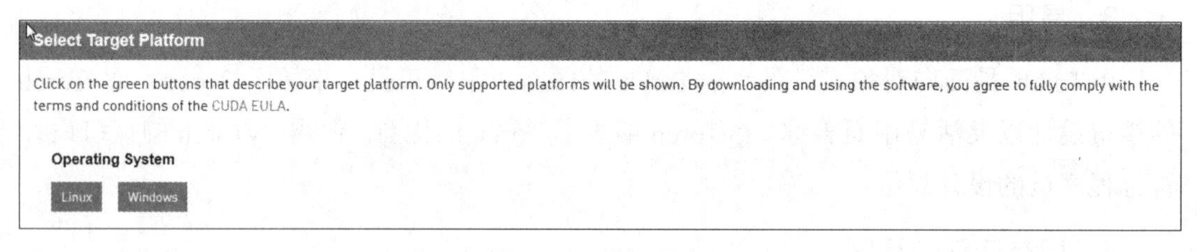

图 1-17 目标平台

（2）选择对应操作系统的 CUDA 驱动程序，如图 1-18 所示，可选的 Windows 操作系统版本有 Windows 10、Windows Server 2019、Windows Server 2016。单击“10”按钮，安装 Windows 10 的 CUDA 驱动程序。

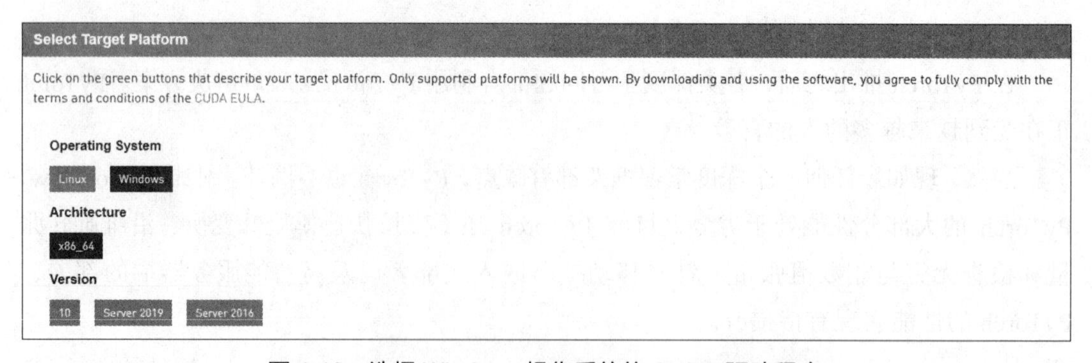

图 1-18 选择 Windows 操作系统的 CUDA 驱动程序

（3）选择安装类型如图 1-19 所示，可选的有本地（Local）和线上（Network）。以线上安装为例，单击“exe(network)”按钮，安装文件大小为 59.2MB。

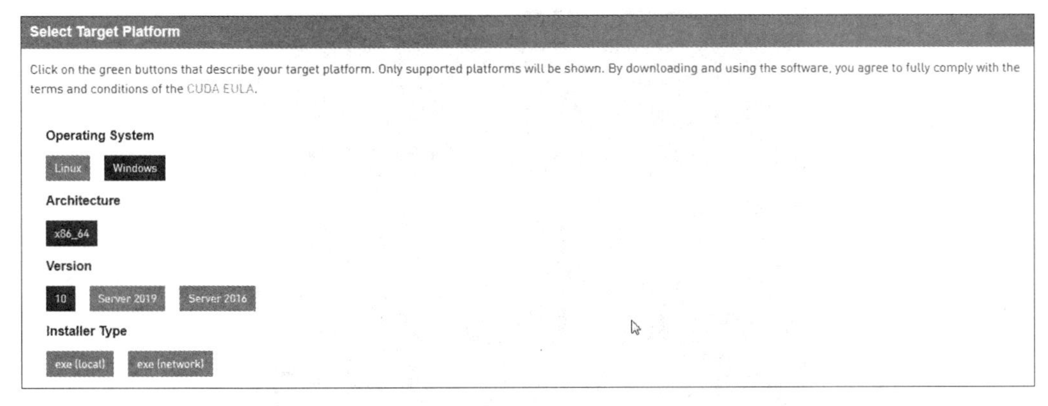

图 1-19　选择安装类型

（4）单击“Download[59.2MB]”按钮，下载 CUDA 安装包，如图 1-20 所示。

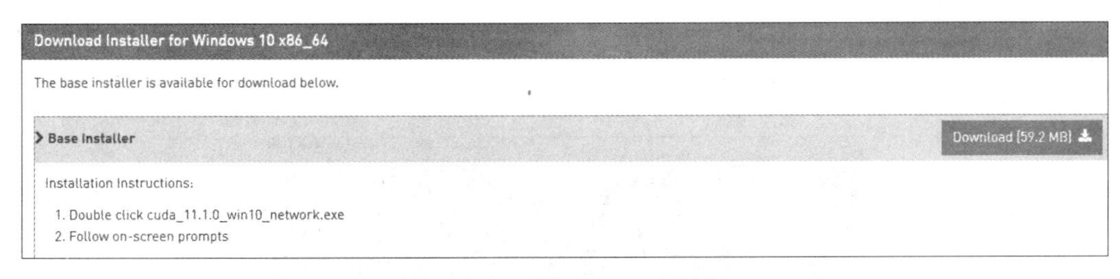

图 1-20　下载 CUDA 安装包

完成 CUDA 安装包的下载后，需要在计算机本地进行安装，具体安装步骤如下。

（1）解压 CUDA 安装包，如图 1-21 所示，解压路径可以自行选择。

（2）解压完成之后单击即可运行 CUDA 安装程序。安装程序会自动检查系统与安装包的兼容性，如图 1-22 所示。

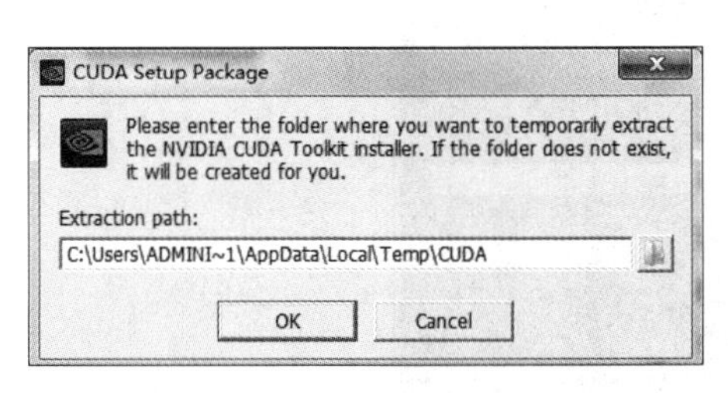

图 1-21　解压 CUDA 安装包

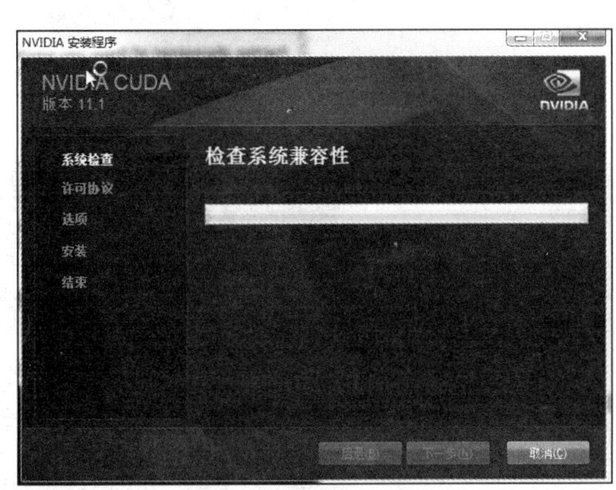

图 1-22　检查系统与安装包的兼容性

（3）检查完系统与安装包的兼容性之后，需要单击“同意并继续”按钮以同意 NVIDIA 软件许可协议，如图 1-23 所示。

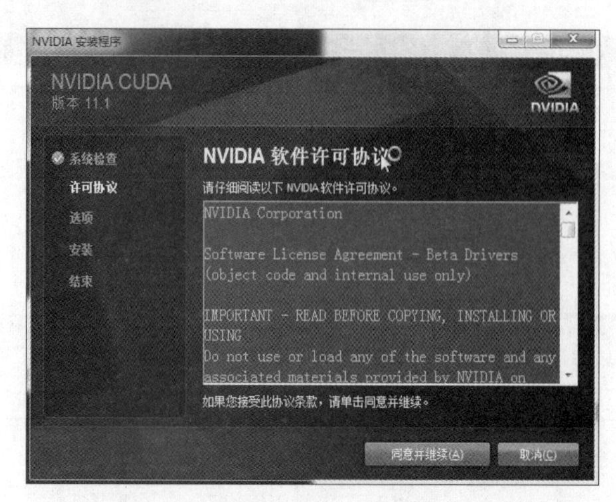

图 1-23　同意 NVIDIA 软件许可协议

（4）选择安装选项，如图 1-24 所示，安装选项有“精简”和“自定义”，此处选择“精简”选项。单击“下一步”按钮，弹出准备安装界面如图 1-25 所示。

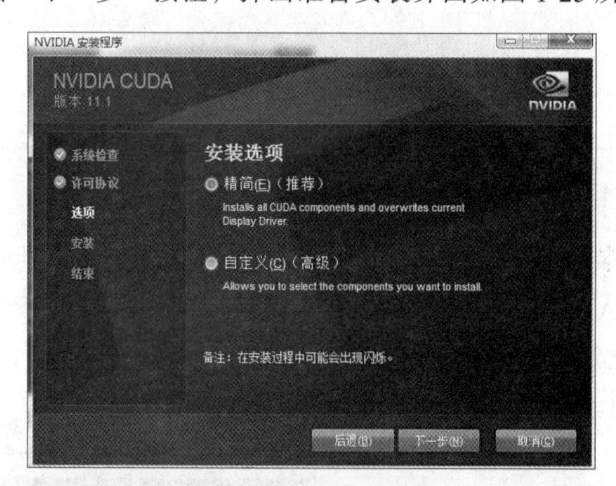

图 1-24　选择安装选项

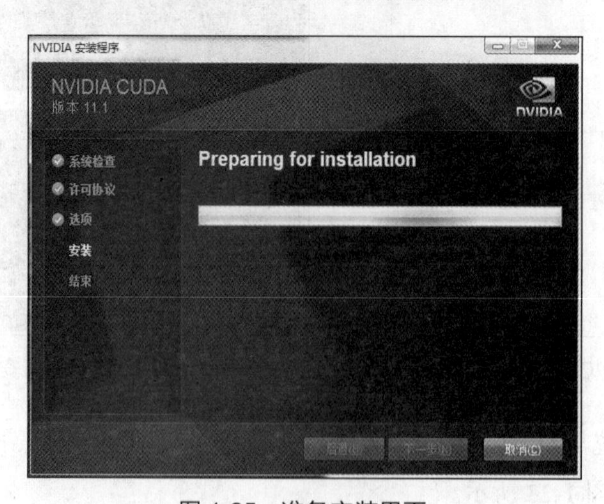

图 1-25　准备安装界面

（5）准备完成后，安装程序会从互联网上下载安装包，如图 1-26 所示。安装包下载完成后，安装程序自动开始安装，如图 1-27 所示。

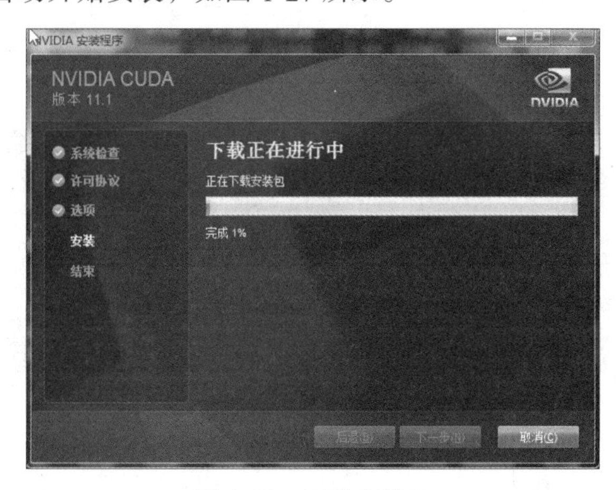

图 1-26 下载安装包

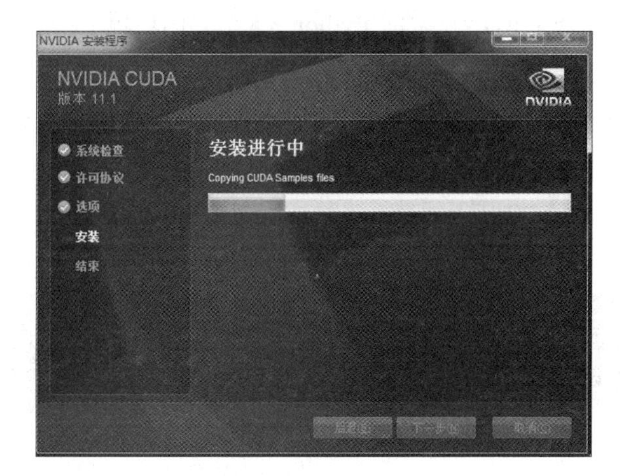

图 1-27 开始安装

（6）安装完成后，单击“关闭”按钮即可，如图 1-28 所示。

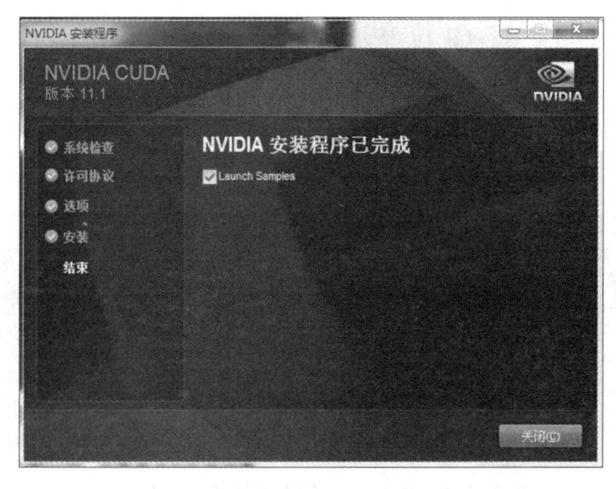

图 1-28 安装完成

3. 测试 CUDA 驱动程序是否安装成功

打开 cmd，执行“nvcc -V”命令。如果 CUDA 驱动程序安装成功，那么显示结果如图 1-29 所示。

```
管理员: C:\Windows\system32\cmd.exe
Microsoft Windows [版本 6.1.7601]
版权所有 (c) 2009 Microsoft Corporation。保留所有权利。

C:\Users\Administrator>nvcc -V
nvcc: NVIDIA (R) Cuda compiler driver
Copyright (c) 2005-2020 NVIDIA Corporation
Built on Tue_Sep_15_19:12:04_Pacific_Daylight_Time_2020
Cuda compilation tools, release 11.1, V11.1.74
Build cuda_11.1.relgpu_drvr455TC455_06.29069683_0

C:\Users\Administrator>
```

图 1-29　CUDA 驱动程序安装成功

4. 下载并安装 PyTorch

在 Anaconda Prompt 下创建并激活 Python 3.8.5 工作环境 py3.8.5。输入命令“conda create -n py3.8.5 python=3.8.5”并执行以创建工作环境 py3.8.5，然后输入命令“activate py3.8.5”并执行以激活工作环境 py3.8.5。成功进入工作环境后，命令行起始位置出现“(py3.8.5)”的标记，如图 1-30 所示。(注：如计算机中未安装 Anaconda，或未配置好 Python 环境，读者需自行安装、配置。)

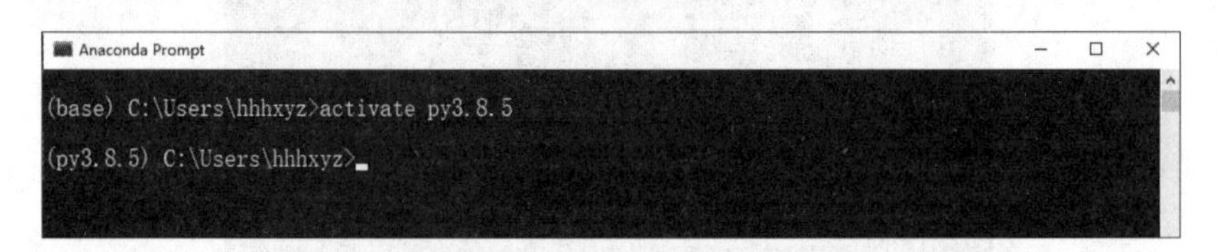

图 1-30　成功进入工作环境

进入 PyTorch 离线安装文件下载网站，下载对应版本的安装文件。以“torch-1.8.1+cu101-cp38-cp38-win_amd64.whl”为例，表示该文件为 GPU 版的 PyTorch 1.8.1，环境要求为 CUDA 10.1、Python 3.8、64 位 Window 10 系统。在 Anaconda Prompt 中进入安装文件所在的目录，输入“pip install 完整的文件名”并按“Enter”键，即可离线安装 PyTorch。成功安装 GPU 版的 PyTorch 1.8.1，如图 1-31 所示。

```
Anaconda Prompt - activate gluon - activate py3.8.5
(py3.8.5) E:\>pip install torch-1.8.1+cu101-cp38-cp38-win_amd64.whl
Looking in indexes: https://pypi.tuna.tsinghua.edu.cn/simple
Processing e:\torch-1.8.1+cu101-cp38-cp38-win_amd64.whl
Requirement already satisfied: typing-extensions in e:\anaconda3\envs\py3.8.5\lib\site-packages (from torch==1.8.1+cu101
) (3.7.4.3)
Requirement already satisfied: numpy in c:\users\hhhxyz\appdata\roaming\python\python38\site-packages (from torch==1.8.1
+cu101) (1.19.5)
Installing collected packages: torch
Successfully installed torch-1.8.1+cu101

(py3.8.5) E:\>
```

图 1-31　成功安装 GPU 版的 PyTorch 1.8.1

输入“python”命令并执行，进入创建的 Python 3.8.5 环境。在“>>>”提示符下，输入图 1-32 中的两条 Python 语句并执行。验证 PyTorch 是否有输出信息、无报错提示，若有输出信息且无报错提示，证明 PyTorch 安装成功，如图 1-32 所示。

图 1-32 PyTorch 安装成功

5. CPU 版的 PyTorch 安装

如果计算机无 NVIDIA 显卡，此时只能安装 CPU 版的 PyTorch，具体安装步骤如下。

（1）在 Anaconda Prompt 下，输入“conda install pytorch-cpu -c pytorch”命令并执行，开始下载 CPU 版的 PyTorch。

（2）如果下载速度慢，显示连接超时，建议添加国内的镜像资源站点，如“清华大学开源软件镜像站”等。同时去掉上面命令中的参数“-c pytorch”再重新执行该命令，因为该参数意味着从 PyTorch 官方网站下载，速度极其缓慢。

（3）转到 Python 终端，输入“import torch”命令并执行。若能正常执行，则说明已经成功安装了 PyTorch，如图 1-33 所示。

```
Python 3.8.5 (default, Sep  3 2020, 21:29:08) [MSC v.1916 64 bit (AMD64)]
Type "copyright", "credits" or "license" for more information.

IPython 7.20.0 -- An enhanced Interactive Python.

In [1]: import torch

In [2]: |
```

图 1-33 CPU 版的 PyTorch 安装成功

1.4 PyTorch 中的预训练模型

PyTorch 库中包含多种常用的网络结构，并且提供预训练模型。预训练模型可以帮助使用者快速建立模型，可以减少深度学习建模的工作量。

1.4.1 预训练模型的概念

预训练模型是一个在大型数据集（通常是大型图像分类任务）中完成训练并已保存的模型。预训练模型的使用，即将预训练模型的权重加载到新的模型。相较于使用随机初始化权重的模型，使用预训练模型权重的新模型得到结果的速度更快，但是两者得到的结果并不会有太大的差距。

对希望应用某个现有框架来解决自己任务的人而言，由于硬件水平限制，往往并不会选择从零开始训练一个新模型，而是使用预训练模型作为基准来改进现有模型，从而快速建立模型，这也是预训练模型存在的意义。

一个预训练模型对于需要解决的问题并不是 100% 的准确对接，但可以节省大量时间。在一个属于图像分类的手机图片分辨项目上，训练数据集中有 4000 多张图片，测试集中约有 1200 张图片，项目任务是将图片分到 16 个类别中。如果采用一个简单的多层感知机（Multi-Later Perceptron，MLP）模型，在平整化输入图片（大小为 224×224×3）后，训练模型所得结果的准确率只有 6% 左右。即便尝试调整隐藏层的神经元数量和丢弃率，准确率都没有显著提高。如果采用卷积神经网络，训练结果表明准确率有了显著的提高，可以达到原来的两倍以上，但距离分类的最低标准还是太远。如果采用在 ImageNet 数据集上预先训练好的模型 VGG16，在 VGG16 结构的基础上，将激活函数层的神经元个数从 1000 改为 16，从而适应 16 分类的问题，该模型在手机图片分辨项目上的准确率可以达到约 70%。同时，使用预训练模型 VGG16 最大的好处是大大减少了训练的时间，只需要对全连接层进行训练。

1.4.2 预训练模型的使用场景

在大型数据集上训练模型，并将模型的结构和权重应用到目前面对的问题上，即将预训练模型“迁移”到正在面对的特定问题上。

在解决目前面对的问题的时候需要匹配好对应的预训练模型，如果问题与预训练模型训练情景有很大不同，那么模型得到的预测结果会非常不理想，例如，把一个原本用于语音识别的模型用于用户识别，只能得到非常差的结果。

ImageNet 数据集已经被广泛用作计算机视觉领域的训练集，因为它的数据规模足够大（约 120 万张图片），有助于训练一般模型。ImageNet 数据集的训练目标是将所有的图片准确划分到 1000 个分类条目下。数据集的 1000 个分类来源于日常生活，如动物类、家庭生活用品类、交通工具类等。使用 ImageNet 数据集训练的网络对于数据集外的图片也表现出很好的泛化能力。

在预训练模型的使用过程中，不会过多地修改预训练模型的权重，而是对权重进行微调（Fine-Tune）。例如，在修改模型的过程中，通常会采用比一般训练模型更低的学习率。

预训练模型的常见用法有以下 3 种。

（1）将预训练模型中的输出层去掉，保留剩下的网络层作为待训练网络的特征提取层。

（2）保留预训练模型的网络结构，并初始化预训练模型的全部权重。然后重新训练网络得到新的权重。

（3）冻结预训练模型的前 k 层的权重，重新训练后面的层，得到新的权重。

不同场景中预训练模型的具体应用如下。

（1）场景一：数据集规模小、数据相似度高。在这种场景下，因为数据与预训练模型的训练数据相似度很高，因此不需要重新训练模型，只需要修改输出层即可。例如，手机图片分辨项目中的 16 分类的问题，只需将输出从 1000 个类别改为 16 个类别。

（2）场景二：数据集规模小、数据相似度不高。在这种场景下，可以冻结预训练模型的前 k 层的权重，然后重新训练后面的$(n-k)$层，n 为网络的总层数。同时输出层也需要根据相应的输出格式进行修改。

（3）场景三：数据集规模大、数据相似度不高。在这种场景下，因为实际数据与预训练模型的训练数据存在很大差异，采用预训练模型将不会是一种高效的方式。最好的方法是将预训练模型的权重全都初始化后，在新数据集上重新开始训练。

（4）场景四：数据集规模大、数据相似度高。在这种理想场景下，最好的方式是保持预训练模型原有的结构和权重不变，随后在新数据集上重新训练。

1.4.3　PyTorch 预训练模型的调用方法

PyTorch 的 TorchVision 库的 models 包中包含 AlexNet、DenseNet、Inception、ResNet、SqueezeNet、VGG（VGG16 和 VGG19）等常用网络结构，并且提供预训练模型，可通过调用包的方式读取网络结构和预训练模型（模型参数）。调用 models 包的方法如代码 1-1 所示。

代码 1-1　调用 models 包的方法

```
import torchvision.models as models
```

ResNet 主要有 6 种变形：ResNet-50、ResNet-101、ResNet-152、ResNet50V2、ResNet101V2、ResNet152V2。每个网络都包括 3 个主要部分：输入部分、输出部分和中间卷积部分。尽管 ResNet 变形种类丰富，但是都有着相似的结构，它们的不同之处主要在于中间卷积部分的参数和个数。以 ResNet-50 为例，展示常见的 2 种预训练模型加载方法，具体如下。

（1）加载网络结构和预训练参数的代码“resnet50 = models.resnet50(pretrained=True)”。

（2）只加载网络结构，不加载预训练模型参数的代码“resnet50 = models.resnet50(pretrained=False)”。

加载 ResNet-50 预训练模型，并对模型的参数进行修改，如代码 1-2 所示。ResNet-50 网络的源代码在 Github 中可以查看。ResNet-50 网络的输出层的 out_features 参数为 1000，该参数可以根据待训练的数据集中的类别数修改。例如，在某种图像的分类项目中，共包含 9 种类别标签，即可将该参数修改为 9。

代码 1-2　修改模型的参数

```
import torchvision.models as models  # 调用模型
resnet50 = models.resnet50(pretrained=True)
fc_features = model.fc.in_features # 提取全连接层中固定的参数
model.fc = nn.Linear(fc_features, 9)  # 修改类别为 9
```

代码 1-2 展示的方法只适用于简单的参数修改。有时候受数据结构的影响，需要修改网络中的层次结构，这时可以使用“迁移”的方法，即先定义一个类似的网络，再将预训练模型的参数提取到自定义的网络中。预训练模型的使用并非千篇一律，主要是由数据集大小和新旧数据集中数据的相似度来决定的。

小结

本章主要围绕深度学习的概念以及框架展开介绍。首先对深度学习进行了简单的介绍，包括深度学习的定义和常见应用；然后介绍了深度学习与其他领域的联系；最后针对深度学习中的 PyTorch 框架，介绍了其特点、安装流程和预训练模型的使用。

课后习题

1. 选择题

（1）人工智能、深度学习、机器学习三者之间的包含关系是（　　）。

A. 机器学习包含人工智能和深度学习

B. 深度学习包含人工智能和机器学习

C. 人工智能包含机器学习和深度学习

D. 三者之间不存在相互包含的关系

（2）下面哪项不是人工智能的类型？（　　）

A. 简单人工智能　　B. 强人工智能

C. 超人工智能　　D. 弱人工智能

（3）在业界使用人数较多的两种深度学习框架是（　　）。

A. PyTorch　　B. Caffe2　　C. Tensorflow　　D. Keras

（4）PyTorch 的特点是（　　）。

A. 底层代码容易理解　　B. 支持动态神经网络

C. 支持 GPU、灵活　　D. 支持自定义扩展

（5）预训练模型能取得较好结果的场景是（　　）。

A. 数据集小，数据相似度高　　　B. 数据集小，数据相似度中等

C. 数据集大，数据相似度中等　　D. 任何场景

2. 简答题

（1）人工智能和深度学习、机器学习三者之间的关系是怎样的?

（2）常用的深度学习的框架主要有哪几种？各自的特点是什么?

（3）深度学习在哪些领域使用较多？请给出实际的应用案例。

（4）深度学习中预训练模型的必要性是什么？请说出预训练模型的几种使用场景。

第 2 章 PyTorch 深度学习通用流程

深度学习通常包含数据加载与预处理、构建网络、编译网络、训练网络和性能评估这几个主要的步骤。PyTorch 为每个步骤提供了一些相应的函数，可以方便、快速地开始深度学习。本章以猫狗分类为例介绍 PyTorch 深度学习的通用流程。

PyTorch 深度学习的通用流程如图 2-1 所示，分为以下 6 个步骤。

（1）数据加载，加载用于训练深度神经网络的数据，使得深度神经网络能够学习到数据中潜在的特征，可以指定从某些特定路径加载数据。

（2）数据预处理，对加载的数据进行预处理，使之符合网络的输入要求，如标签格式转换、样本变换等。数据形式的不统一将对模型效果造成较大的影响，应提升数据质量，发展数字产业，增强科技实力。

（3）构建网络，根据特定的任务使用不同的网络层构建网络，若网络太简单则无法学习到足够丰富的特征，若网络太复杂则容易过拟合。

（4）编译网络，设置网络训练过程中使用的损失函数和优化器，损失函数和优化器的选择会影响到网络的训练时长、性能等。

（5）训练网络，通过迭代和批训练，调整模型中各网络层的参数，减少模型的损失，使得模型的预测值逼近真实值。

（6）性能评估，计算网络训练过程中的损失和分类精度等与模型对应的评估指标，根据评估指标的变化调整模型，从而取得更好的效果。

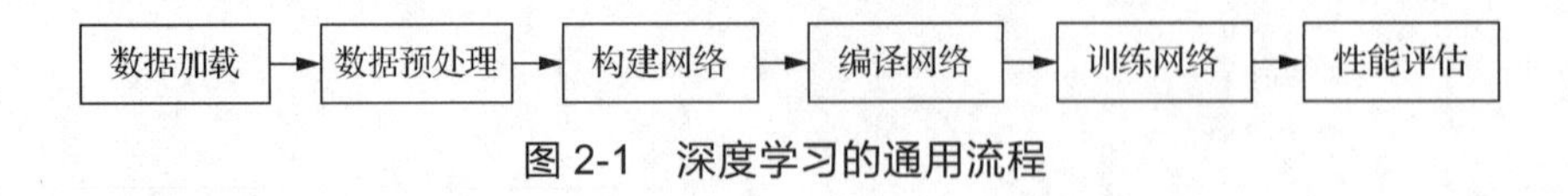

图 2-1　深度学习的通用流程

学习目标

（1）了解 PyTorch 深度学习的通用流程。

（2）掌握使用 PyTorch 进行数据加载和预处理的方法。

（3）掌握使用 PyTorch 构建网络的方法。
（4）掌握使用 PyTorch 编译网络的方法。
（5）掌握使用 PyTorch 训练网络的方法。
（6）掌握使用 PyTorch 进行性能评估的方法。

2.1 数据加载与预处理

数据的形式多种多样，因此加载数据的方法也是多种多样的。在一个图像分类任务中，图像所在的文件夹即图像的类别标签，需要把图像和类别标签都读入计算机中，同时还需对图像数据进行张量变换和归一化等预处理。PyTorch 框架中提供了一些常用的数据加载和预处理的方法。

2.1.1 数据加载

在 PyTorch 框架中，torchtext.utils 包中的类可以用于数据加载。常见的加载数据的方式包括从指定的网址（url）下载文件、使用 CSV 文件读取器读取数据和读取压缩文件数据等。

1. 从指定的网址下载文件

download_from_url 类可以从指定网址下载文件并返回所下载文件的存储路径，download_from_url 类的语法格式如下。

```
torchtext.utils.download_from_url(url, path=None, root='.data', overwrite=
False, hash_value=None, hash_type='sha256')
```

download_from_url 类的常用参数及其说明如表 2-1 所示。

表 2-1 download_from_url 类的常用参数及其说明

参数名称	说明
url	接收 str，表示数据文件的网络路径，无默认值
root	接收 str，表示用于存放下载文件的文件夹路径，无默认值
overwrite	接收 bool，表示是否覆盖当前文件，默认为 False

使用 download_from_url 类下载文件如代码 2-1 所示。

代码 2-1 使用 download_from_url 类下载文件

```
import torchtext


url = 'http://****-win_amd64.whl'
torchtext.utils.download_from_url(url, '../data/torchtext.whl')
```

2. 使用 CSV 文件读取器读取数据

unicode_csv_reader 类用于读取 CSV 文件，unicode_csv_reader 类的语法格式如下，其中参数“unicode_csv_data”指的是 CSV 文件。

```
torchtext.utils.unicode_csv_reader(unicode_csv_data, **kwargs)
```

使用 unicode_csv_reader 类读取 CSV 文件如代码 2-2 所示。

代码 2-2　使用 unicode_csv_reader 类读取 CSV 文件

```
from torchtext.utils import unicode_csv_reader
import io

with io.open(data_path, encoding='utf8') as f:
    reader = unicode_csv_reader(f)
```

3. 读取压缩文件数据

extract_archive 类用于读取压缩文件中的数据，extract_archive 类的语法格式如下。

```
torchtext.utils.extract_archive(from_path, to_path=None, overwrite=False)
```

extract_archive 类的常用参数及其说明如表 2-2 所示。

表 2-2　extract_archive 类的常用参数及其说明

参数名称	说明
from_path	接收 str，表示文件的路径，无默认值
to_path	接收 str，表示提取文件的根路径，无默认值
overwrite	接收 bool，表示是否覆盖当前文件，无默认值

使用 extract_archive 类读取压缩文件如代码 2-3 所示。

代码 2-3　使用 extract_archive 类读取压缩文件

```
from_path = '../data/validation.tar.gz'
to_path = '../data/'
torchtext.utils.download_from_url(url, from_path)
torchtext.utils.extract_archive(from_path, to_path)
```

2.1.2　数据预处理

在进行深度学习的时候，人工可以事先单独对图像进行清晰度、画质处理和切割等，然后存起来以扩充样本，但是这样做效率比较低下，而且不是实时的。接下来介绍如何用 PyTorch 对数据进行预处理。

1. 图像数据预处理

PyTorch 框架中处理图像与视频的 TorchVision 库中的常用包及其说明如表 2-3 所示。

表 2-3　TorchVision 库中的常用包及其说明

包	说明
torchvision.datasets	提供数据集下载和加载功能，包含若干个常用数据集
torchvision.io	提供执行 I/O 操作的功能，主要用于写入和读取视频及图像
torchvision.models	包含用于解决不同任务的网络结构，并提供已预训练过的模型，如图像分类、像素语义分割、对象检测、实例分割、人物关键点检测和视频分类等
torchvision.ops	主要实现计算机视觉专用的运算符、损失函数和网络层
torchvision.transforms	包含多种常见的图像预处理操作，如随机切割、旋转、数据类型转换、图像到张量、NumPy 数组到张量、张量到图像等
torchvision.utils	用于将形似($3\times H\times W$)的张量保存到硬盘中，能够制作图像网络

其中 torchvision.transforms 中常用的 5 种图像预处理操作如下。

（1）组合图像的多种变换处理。

Compose 类可以将多种图像的变换处理组合到一起，Compose 类的语法格式如下，其中参数“transforms”接收的是由多种变换处理组合成的列表。

```
torchvision.transforms.Compose(transforms)
```

Compose 类组合图像的多种变换处理如代码 2-4 所示。

代码 2-4　Compose 类组合图像的多种变换处理

```
from torchvision import transforms


transforms.Compose([transforms.CenterCrop(10), transforms.ToTensor()])
```

（2）对图像做变换处理。

常见的 PIL 图像包括 L（灰色图像）、P（8 位彩色图像）、I（32 位整型灰色图像）、F（32 位浮点型灰色图像）、RGB（8 位彩色图像）、YCbCr（24 位彩色图像）、RGBA（32 位彩色图像）、CMYK（32 位彩色图像）和 1（二值图像）等模式。PyTorch 框架下能实现对 PIL 图像和 Torch 张量做变换处理的类较多，此处仅介绍常用的 6 个类。

① CenterCrop 类。

CenterCrop 类可以裁剪给定的图像并返回图像的中心部分。如果该图像是 Torch

张量，那么它的形状应为[…,*H*,*W*]，其中“…”表示一个任意数量的前导维数。如果输入图像的大小小于期望输出图像的大小，则在输入图像的四周填充 0，然后居中裁剪。

CenterCrop 类的语法格式如下，其中参数“size”指的是图像的期望输出大小。

```
torchvision.transforms.CenterCrop(size)
```

② ColorJitter 类。

ColorJitter 类可以随机改变图像的亮度、对比度、饱和度和色调。如果该图像是 Torch 张量，那么它的形状应为[…,3,*H*,*W*]，其中“…”表示任意数量的前导维数。如果图像是 PIL 图像，则不支持模式 1、I、F 和透明度模式。ColorJitter 类的语法格式如下。

```
torchvision.transforms.ColorJitter(brightness=0, contrast=0, saturation=0,
hue=0)
```

ColorJitter 类的常用参数及其说明如表 2-4 所示。

表 2-4　ColorJitter 类的常用参数及其说明

参数名称	说明
brightness	接收 int，表示亮度大小。亮度因子统一从[在 0 和 1-亮度中取最大值,1+亮度]或给定的[最小值,最大值]中选择。应该是非负数，默认为 0
contrast	接收 int，表示对比度大小。对比度因子统一从[在 0 和 1-对比度中取最大值,1+对比度]或给定[最小值,最大值]中选择。应该是非负数，默认为 0
saturation	接收 int，表示饱和度大小。饱和度因子统一从[在 0 和 1-饱和度中取最大值,1+饱和度]或给定[最小值,最大值]中选择。应该是非负数，默认为 0
hue	接收 int，表示色调大小。色调因子统一从[-色调,色调]或给定的[最小值,最大值]中选择。且有 0≤自定义值<0.5 或-0.5≤最小值≤最大值≤0.5。默认为 0

③ FiveCrop 类。

FiveCrop 类可以将图像裁剪成 4 个角和中心部分。如果该图像是 Torch 张量，那么它的形状应为[…,*H*,*W*]，其中“…”表示任意数量的前导维数。FiveCrop 类的语法格式如下，其中参数“size”指的是裁剪图像的输出大小。

```
torchvision.transforms.FiveCrop(size)
```

④ Grayscale 类。

Grayscale 类可以将图像转换为灰度图像。如果该图像是 Torch 张量，那么它的形状应为[…,3,*H*,*W*]，其中“…”表示任意数量的前导维数。Grayscale 类的语法格式如下，其中参数“num_output_channels”表示的是输出图像所需的通道数。

```
torchvision.transforms.Grayscale(num_output_channels=1)
```

⑤ Pad 类。

Pad 类可以使用给定的填充值填充图像的边缘区域。如果该图像是 Torch 张量，那么它的形状应为[…,H,W]，其中“…”表示模式反射和对称最多的 2 个前导维数，模式边缘最多的 3 个前导维数，以及模式常数的任意数量的前导维数。Pad 类的语法格式如下。

```
torchvision.transforms.Pad(padding, fill=0, padding_mode='constant')
```

Pad 类的常用参数及其说明如表 2-5 所示。

表 2-5　Pad 类的常用参数及其说明

参数名称	说明
padding	接收 int 或序列，表示在图像边缘区域填充。如果只提供一个整型数据，那么填充所有的边缘区域。如果提供长度为 2 的序列，那么填充左右边缘或上下边缘区域。如果提供长度为 4 的序列，那么填充上下左右 4 个边缘区域。无默认值
fill	接收 int 或 tuple，表示填充值。如果值是长度为 3 的元组，那么用于填充 R、G、B 3 个通道。此值仅在填充值为常数时使用。默认为 0

⑥ Resize 类。

Resize 类可以将输入图像调整到指定的大小。如果该图像是 Torch 张量，那么它的形状应为[…,H,W]，其中“…”表示任意数量的前导维数。Resize 类的语法格式如下。

```
torchvision.transforms.Resize(size, interpolation=<InterpolationMode.
BILINEAR: 'bilinear'>)
```

Resize 类的常用参数及其说明如表 2-6 所示。

表 2-6　Resize 类的常用参数及其说明

参数名称	说明
size	接收 int，表示期望输出大小。无默认值
interpolation	接收 str，表示插入式模式。默认为 InterpolationMode.BILINEAR

（3）对变换处理列表做处理。

PyTorch 不仅可设置对图像的变换处理，还可以对这些变换处理进行随机选择、组合，使数据处理更灵活。

① RandomChoice 类。

RandomChoice 类从接收的变换处理列表中随机选取单个变换处理对图像进行变换。

RandomChoice 类的语法格式如下。RandomChoice 类的参数及其说明与 Compose 类的一致。

```
torchvision.transforms.RandomChoice(transforms)
```

② RandomOrder 类。

RandomOrder 类随机打乱接收的变换处理列表中的变换处理。

RandomOrder 类的语法格式如下。RandomOrder 类的参数及其说明也与 Compose 类的一致。

```
torchvision.transforms.RandomOrder(transforms)
```

（4）对图像数据做变换处理。

对图像数据做变换处理操作的类较多，此处介绍常用的两个类。

① LinearTransformation 类。

LinearTransformation 类用平方变换矩阵和离线计算的均值向量来变换处理图像数据。LinearTransformation 类的语法格式如下。

```
torchvision.transforms.LinearTransformation(transformation_matrix,
mean_vector)
```

LinearTransformation 类的常用参数及其说明如表 2-7 所示。

表 2-7 LinearTransformation 类的常用参数及其说明

参数名称	说明
transformation_matrix	接收 str，表示平方变换矩阵，输入格式为[D×D]。无默认值
mean_vector	接收 str，表示均值向量，输入格式为[D]。无默认值

② Normalize 类。

Normalize 类用均值和标准差对图像数据进行归一化处理。Normalize 类的语法格式如下。

```
torchvision.transforms.Normalize(mean, std, inplace=False)
```

Normalize 类的常用参数及其说明如表 2-8 所示。

表 2-8 Normalize 类的常用参数及其说明

参数名称	说明
mean	接收 int 或 float，表示每个通道的均值。无默认值
std	接收 int 或 float，表示每个通道的标准差。无默认值

（5）格式转换处理。

由于直接读取图像得到的数据类型与输入的数据类型不对应，因此需要转换数据的格式。

① ToPILImage 类。

ToPILImage 类将 tensor 类型或 ndarray 类型的数据转换为 PIL Image 类型的数据。ToPILImage 类的语法格式如下，其中参数“mode”指的是输入图像的颜色空间和像素深度。

```
torchvision.transforms.ToPILImage(mode=None)
```

② ToTensor 类。

ToTensor 类将 PIL Image 类型或 ndarray 类型的数据转换为 tensor 类型的数据，并且归一化至[0,1]。ToTensor 类的语法格式如下。

```
torchvision.transforms.ToTensor
```

如果 PIL 图像属于 L、P、I、F、RGB、YCbCr、RGBA、CMYK、1 这些模式之一，那么将[0,255]范围内的 PIL 图像或 numpy.ndarray($H\times W\times C$)转换为[0.0,1.0]范围内的浮点型张量（$C\times H\times W$）。在其他情况下，不按比例返回张量。

2. 文本数据预处理

在 PyTorch 框架中可以利用 torchtext 库中的相关类对文本数据进行预处理。

（1）划分训练集和测试集。

SogouNews 类可以将 PyTorch 框架自带的数据集划分为训练集和测试集。SogouNews 类的语法格式如下。

```
torchtext.datasets.SogouNews(root='.data', split=('train', 'test'))
```

SogouNews 类的常用参数及其说明如表 2-9 所示。

表 2-9　SogouNews 类的常用参数及其说明

参数名称	说明
root	接收 str，表示保存数据集的目录，无默认值
split	接收 str，表示划分训练集和测试集的标准，无默认值

WikiText2 类也可以将 PyTorch 框架自带的数据集划分为训练集、验证集和测试集。WikiText2 类的语法格式如下。

```
torchtext.datasets.WikiText2(root='.data', split=('train', 'valid', 'test'))
```

WikiText2 类仅能对 3 个 PyTorch 自带数据集进行操作，分别是 WikiText-2 数据集、WikiText-103 数据集和 Penn Treebank 数据集。

（2）创建词汇表。

Vocab 类可以定义用于计算字段的词汇表对象。Vocab 类的语法格式如下。

```
torchtext.vocab.Vocab(counter, max_size=None, min_freq=1, specials=('<unk>',
'<pad>'), vectors=None, unk_init=None, vectors_cache=None, specials_first=True)
```

Vocab 类的常用参数及其说明如表 2-10 所示。

表 2-10 Vocab 类的常用参数及其说明

参数名称	说明
counter	接收 float，表示保存数据中每个值的频率，无默认值
max_size	接收 int，表示最大词汇容量，无默认值
min_freq	接收 int，表示能保存进词汇表的最低频率，默认为 1
specials	接收 str，表示将加在词汇表前面的特殊标记的列表，默认为('<unk>', '<pad>')
vectors	接收 int，表示可用的预训练向量，无默认值
vectors_cache	接收 str，表示缓存向量的目录，无默认值

（3）构建句子生成器。

generate_sp_model 类用于构建句子生成器，generate_sp_model 类的语法格式如下。

```
torchtext.data.functional.generate_sp_model(filename, vocab_size=20000,
model_type='unigram', model_prefix='m_user')
```

generate_sp_model 类的常用参数及其说明如表 2-11 所示。

表 2-11 generate_sp_model 类的常用参数及其说明

参数名称	说明
filename	接收 str，表示用于构建句子生成器的文件，无默认值
vocab_size	接收 int，表示词汇量，默认为 20000
model_type	接收 str，表示生成句子网络的类型，包括 unigram、bpe、char、word，默认为 unigram
model_prefix	接收 str，表示文件和词汇表的前缀保存形式，默认为 m_user

（4）加载句子生成器。

load_sp_model 类用于加载句子生成器。load_sp_model 类的语法格式如下，其中参数“SPM”指的是保存句子生成器的文件路径。

```
torchtext.data.functional.load_sp_model(SPM)
```

（5）构建句子计数器。

sentencepiece_numericalizer 类用于构建句子计数器，以建立基于文本句子的数字映射。sentencepiece_numericalizer 类的语法格式如下，其中参数“sp_model”指的是句子生成器。

```
torchtext.data.functional.sentencepiece_numericalizer(sp_model)
```

（6）构建句子标记器。

sentencepiece_tokenizer 类用于构建句子标记器，以标记文本句子中各个词汇。sentencepiece_tokenizer 类的语法格式如下。输入文本句子，将输出句子中的所有成分。

```
torchtext.data.functional.sentencepiece_tokenizer(sp_model)
```

（7）构建句子分词器。

simple_space_split 类用于构建句子分词器，以对句子进行分词处理，并输出句子中的各个词汇。simple_space_split 类的语法格式如下。

```
torchtext.data.functional.simple_space_split(iterator)
```

2.1.3 加载及预处理猫狗分类数据

本节将以猫狗分类为例演示数据加载和预处理。猫狗数据集的训练集包含 25000 张图片，其中猫图 12500 张，狗图 12500 张。测试集包含 400 张图片，其中猫图 200 张，狗图 200 张。

定义路径读取函数，用于得到一个包含所有图片文件名（包含路径）与标签（狗为 1，猫为 0）的列表，如代码 2-5 所示。

代码 2-5 定义路径读取函数

```
# 得到一个包含所有图片文件名与标签的列表
import torch
from torchvision import transforms
from torch.utils.data import Dataset, DataLoader
from PIL import Image
import torch.nn.functional as F


def init_process(path, lens):
    data = []
    name = find_label(path)
    for i in range(lens[0], lens[1]):
        data.append([path % i, name])


    return data
```

现有数据的命名都是有编号的，训练集中数据编号为 0～499，测试集中数据编号为 1000～1200，可以根据这个规律获取训练集图像路径的列表，如代码 2-6 所示。

代码 2-6　获取训练集图像路径的列表

```
path1 = '../data/training_data/cats/cat.%d.jpg'
data1 = init_process(path1, [0, 500])
```

data1 对象是一个包含 500 个文件名以及标签的列表。find_label 函数用于判断标签是 dog（狗）还是 cat（猫），dog 返回 1，cat 返回 0。定义标签判读函数如代码 2-7 所示。

代码 2-7　定义标签判读函数

```
def find_label(str):
    first, last = 0, 0
    for i in range(len(str) - 1, -1, -1):
        if str[i] == '%' and str[i - 1] == '.':
            last = i - 1
        if (str[i] == 'c' or str[i] == 'd') and str[i - 1] == '/':
            first = i
            break

    name = str[first: last]
    if name == 'dog':
        return 1
    else:
        return 0
```

在定义了路径读取函数和标签判读函数后，调用 4 次路径读取函数和标签判读函数并输入不同的参数，即可获取 4 个列表（训练集中的猫、训练集中的狗、测试集中的猫、测试集中的狗），如代码 2-8 所示。

代码 2-8　调用函数获取 4 个列表

```
path1 = '../data/training_data/cats/cat.%d.jpg'
data1 = init_process(path1, [0, 500])
path2 = '../data/training_data/dogs/dog.%d.jpg'
data2 = init_process(path2, [0, 500])
path3 = '../data/testing_data/cats/cat.%d.jpg'
data3 = init_process(path3, [1000, 1200])
path4 = '../data/testing_data/dogs/dog.%d.jpg'
data4 = init_process(path4, [1000, 1200])
```

使用 PIL 包的 Image 类读取图片，如代码 2-9 所示。

代码 2-9　使用 PIL 包的 Image 类读取图片

```
def Myloader(path):
    return Image.open(path).convert('RGB')
```

重写 PyTorch 的 Dataset 类，如代码 2-10 所示，其中__getitem__()方法用于读取数据集中的数据，并对这些数据进行变换操作。

代码 2-10　重写 PyTorch 的 Dataset 类

```
class MyDataset(Dataset):

    def __init__(self, data, transform, loder):
        self.data = data
        self.transform = transform
        self.loader = loder

    def __getitem__(self, item):
        img, label = self.data[item]
        img = self.loader(img)
        img = self.transform(img)
        return img, label

    def __len__(self):
        return len(self.data)
```

使用 Compose 函数组合多种变换操作得到 transform 对象，如代码 2-11 所示。transform 对象中包含的变换处理操作如下。

（1）transforms RandomHorizontalFlip(P=0.3)，每张图片有 30%的概率水平翻转。

（2）transforms RandomVerticalFlip(P=0.3)，每张图片有 30%的概率垂直翻转。

（3）transforms Resize(256,256)，重新定义图像大小。

（4）transforms.ToTensor()，很重要的一步，将图像数据转为 tensor 类型。

（5）transforms.Normalize(mean=(0.5,0.5,0.5)，std=(0.5,0.5,0.5))，归一化处理。

代码 2-11　使用 Compose 函数组合多种变换操作得到 transform 对象

```
transform = transforms.Compose([
        transforms.RandomHorizontalFlip(p=0.3),
        transforms.RandomVerticalFlip(p=0.3),
        transforms.Resize((256, 256)),
        transforms.ToTensor(),
```

```
        transforms.Normalize(mean=(0.5, 0.5, 0.5), std=(0.5, 0.5, 0.5))])
```

整理代码 2-5 到代码 2-11 的代码，猫狗分类的数据加载与预处理部分代码，如代码 2-12 所示。

代码 2-12　猫狗分类的数据加载与预处理部分代码

```
import torch
from torchvision import transforms
from torch.utils.data import Dataset, DataLoader
from PIL import Image
import torch.nn.functional as F

def Myloader(path):
    return Image.open(path).convert('RGB')


# 得到一个包含所有图片文件名与标签的列表
def init_process(path, lens):
    data = []
    name = find_label(path)
    for i in range(lens[0], lens[1]):
        data.append([path % i, name])
    return data


class MyDataset(Dataset):

    def __init__(self, data, transform, loder):
        self.data = data
        self.transform = transform
        self.loader = loder

    def __getitem__(self, item):
        img, label = self.data[item]
        img = self.loader(img)
        img = self.transform(img)
```

```
        return img, label

    def __len__(self):
        return len(self.data)


def find_label(str):
    first, last = 0, 0
    for i in range(len(str) - 1, -1, -1):
        if str[i] == '%' and str[i - 1] == '.':
            last = i - 1
        if (str[i] == 'c' or str[i] == 'd') and str[i - 1] == '/':
            first = i
            break

    name = str[first:last]
    if name == 'dog':
        return 1
    else:
        return 0


def load_data():
    transform = transforms.Compose([
                    transforms.RandomHorizontalFlip(p=0.3),
                    transforms.RandomVerticalFlip(p=0.3),
                    transforms.Resize((256, 256)),
                    transforms.ToTensor(),
                    transforms.Normalize(mean=(0.5, 0.5, 0.5), std=(0.5,
0.5, 0.5))])
    path1 = '../data/training_data/cats/cat.%d.jpg'
    data1 = init_process(path1, [0, 500])
    path2 = '../data/training_data/dogs/dog.%d.jpg'
    data2 = init_process(path2, [0, 500])
```

```
    path3 = '../data/testing_data/cats/cat.%d.jpg'
    data3 = init_process(path3, [1000, 1200])
    path4 = '../data/testing_data/dogs/dog.%d.jpg'
    data4 = init_process(path4, [1000, 1200])
    # 1300 个训练
    train_data = data1 + data2 + data3[0: 150] + data4[0: 150]

    train = MyDataset(train_data, transform=transform, loder=Myloader)
    # 100 个测试
    test_data = data3[150: 200] + data4[150: 200]
    test = MyDataset(test_data, transform=transform, loder=Myloader)

    train_data = DataLoader(dataset=train, batch_size=10, shuffle=True,
num_workers=0)
    test_data = DataLoader(dataset=test, batch_size=1, shuffle=True,
num_workers=0)

    return train_data, test_data
```

train_data 与 test_data 即最终需要得到的数据。接下来的 2.2 节将介绍构建网络的相关内容。

2.2 构建网络

构建网络是深度学习的一个重要步骤。若网络太简单则无法学习到足够丰富的特征，若网络太复杂则容易过拟合。而且，对于不同的数据，要选择合适的网络结构才能取得较好的结果。

2.2.1 常用的网络构建方法

在深度学习中，构建网络通常是指构建一个完整的神经网络结构。神经网络是一种模拟大脑神经突触连接结构进行信息处理的算法。神经网络已经被用于解决分类、回归等问题，同时被运用在机器视觉、语音识别等应用领域上。

神经网络是由具有适应性的简单单元组成的广泛并行互连网络，它的结构能够模拟生物神经系统对真实世界的交互反应。一个简单的神经元结构如图 2-2 所示。

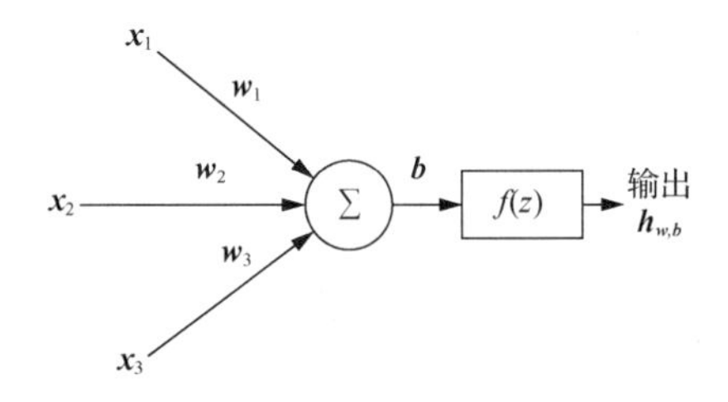

图 2-2 一个简单的神经元结构

在图 2-2 中，w_1、w_2 和 w_3 表示权重，b 表示偏置项，$f(z)$ 表示激活函数，x_1、x_2 和 x_3 是神经元的输入值，输出值 $h_{w,b}(x)=f\left(w^{\mathrm{T}}x\right)=f\left(\sum_{i=1}^{3}w_i x_i+b\right)$。

将多个神经元按一定的层次结构连接起来，即可得到一个神经网络。使用神经网络需要确定网络连接的拓扑结构、神经元的特征和学习规则等，常见的神经网络的层次结构如图 2-3 所示，每层神经元与下一层的神经元全部互连，同层神经元不存在连接关系。

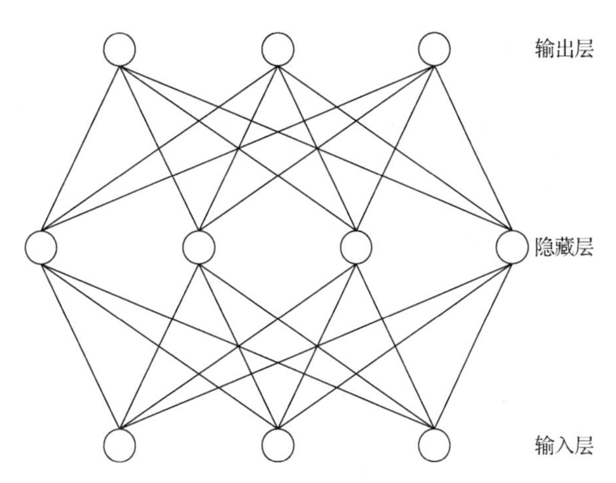

图 2-3 常见的神经网络的层次结构

图 2-3 所示为简单的全连接神经网络，其中输入层接收信号，最终输出结果由输出层输出。隐藏层是指除输入层、输出层以外的其他层，是模型的黑箱部分，通常可解释性较差。值得注意的是，如果仅含单个隐藏层的网络不能满足实际生产需求，那么可在网络中设置多个隐藏层。

深度学习神经网络中常见的网络层有卷积层、池化层、正则化层、归一化层和全连接层。网络层中的先后顺序通常是，卷积层优先构造，池化层放置在卷积层之后，正则化层和归一化层放置在整个网络中间偏后的位置，全连接层放置在网络的后端或多个卷积层后。在 PyTorch 框架中，常用的构建网络的方法有继承 Module 类和使用 Sequential 容器。

1. 继承 Module 类构建网络

Module 类是 PyTorch 框架提供的一个基类，在构建神经网络时可以通过继承 Module 类，使得构建网络的过程变简单。

继承 Module 类构建网络，如代码 2-13 所示。其中__init__()方法用于初始化网络中需要使用的网络层，完全相同的网络层仅可被初始化一次，但可被多次调用；forward()方法用于设置网络中数据的传播方式，并返回网络的输出。

代码 2-13　继承 Module 类构建网络

```
import torch
from torchsummary import summary

device = torch.device('cuda' if torch.cuda.is_available() else 'cpu')

class model1(torch.nn.Module):

    def __init__(self):
        super(model1, self).__init__()
        self.linear1 = torch.nn.Linear(3, 5)
        self.linear2 = torch.nn.Linear(5, 2)

    def forward(self, x):
        x = self.linear1(x)
        x = self.linear2(x)
        return x

model = model1().to(device)
summary(model, (8, 3))
```

代码 2-13 的输出结果如下。

```
----------------------------------------------------------------
        Layer (type)               Output Shape         Param #
================================================================
            Linear-1                [-1, 8, 5]              20
            Linear-2                [-1, 8, 2]              12
================================================================
```

```
Total params: 32
Trainable params: 32
Non-trainable params: 0
----------------------------------------------------------------
Input size (MB): 0.00
Forward/backward pass size (MB): 0.00
Params size (MB): 0.00
Estimated Total Size (MB): 0.00
----------------------------------------------------------------
```

从 Layer (type)列中可以查看构建的网络结构，从 Output Shape 列中可以查看每层网络输出数据的维度，从 Param #列中可以查看每层网络的参数个数。

2. 使用 Sequential 容器构建网络

Sequential 是一个有序的容器，使用 Sequential 容器构建网络，网络层的元素将按照输入构造器的顺序依次被添加到计算图中执行，如代码 2-14 所示。同时以神经网络模块为元素的有序字典也可以作为 Sequential 容器的输入参数。

代码 2-14　使用 Sequential 容器构建网络

```
model2 = torch.nn.Sequential(torch.nn.Linear(3, 5), torch.nn.Linear(5, 2))


model = model2.to(device)
summary(model, (18, 3))
```

代码 2-14 的输出结果如下。

```
----------------------------------------------------------------
      Layer (type)               Output Shape         Param #
================================================================
          Linear-1                [-1, 18, 5]              20
          Linear-2                [-1, 18, 2]              12
================================================================
Total params: 32
Trainable params: 32
Non-trainable params: 0
----------------------------------------------------------------
Input size (MB): 0.00
Forward/backward pass size (MB): 0.00
Params size (MB): 0.00
```

```
Estimated Total Size (MB): 0.00
----------------------------------------------------------------
```

2.2.2 激活函数

在神经网络中，全连接层只对上层输入进行线性变换，而多个线性变换的叠加仍然是一个线性变换，即含有多个全连接层的神经网络与仅含输出层的单层神经网络等价。

解决问题的一个方法是，在全连接层后增加一个非线性变换，将非线性变换后的结果作为下一个全连接层的输入。这个非线性变换的函数被称为激活函数（Activation Function），神经网络可以逼近任意函数的能力与激活函数的使用不可分割。常见的激活函数有 ReLU 函数、Leaky ReLU 函数、Sigmoid 函数、Tanh 函数和 Softmax 函数等。

1. ReLU 函数

修正线性单元（Rectified Linear Unit，ReLU）函数，又称线性整流函数，是一种人工神经网络中常用的激活函数，通常指代以斜坡函数及其变种为代表的非线性函数。

ReLU 函数的表达式如式（2-1）所示，其中 x 为神经元的输入值。

$$f(x)=\begin{cases}\max(0,x), x>0\\ 0, x\leqslant 0\end{cases} \tag{2-1}$$

ReLU 函数的几何表达如图 2-4 所示。

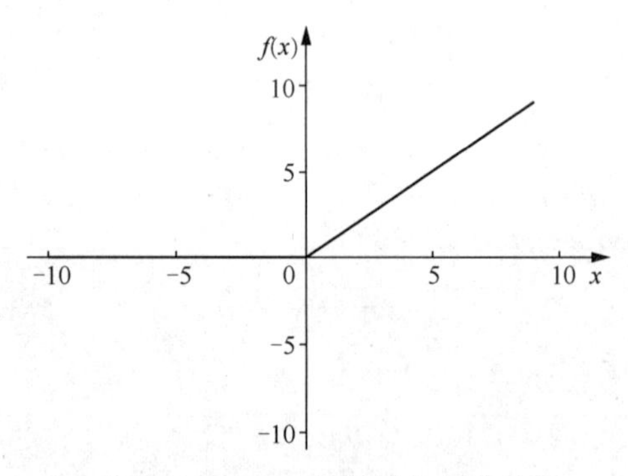

图 2-4 ReLU 函数的几何表达

由图 2-4 可知，当输入为正值时，ReLU 函数的输入与输出始终保持线性关系，当输入趋于正无穷时，输出也趋于正无穷；当输入为负值时，输出为 0。

ReLU 函数的优点如下。

（1）反向传播时，可以避免梯度消失。

（2）使一部分神经元的输出为 0，形成稀疏网络，减少参数的相互依存关系，减少过拟合问题的发生。

（3）求导简单，整个过程的计算量少很多。

ReLU 函数的缺点如下。

（1）左侧神经元为 0，导致部分神经元死亡，不再更新。

（2）输出非负值，所有参数的更新方向都相同，可能导致梯度下降时出现振荡。

relu 类的语法格式如下。

```
torch.nn.functional.relu(input, inplace=False)
```

relu 类的常用参数及其说明如表 2-12 所示。

表 2-12　relu 类的常用参数及其说明

参数名称	说明
input	接收 tensor，表示输入值，无默认值
inplace	接收 bool，表示计算 Softmax 的维度数，默认为 False

2. Leaky ReLU 函数

Leaky ReLU 函数是 ReLU 函数的变式，主要是为了修复 ReLU 函数中左侧神经元为 0 导致的问题。Leaky ReLU 函数的左侧神经元保留了非常小的线性分量，使得输入值小于 0 时，信息得以保留。

Leaky ReLU 函数的表达式如式（2-2）所示，其中 x 为神经元的输入值，α 为非负的小数。

$$f(x)=\begin{cases}\max(0,x), x>0\\ \alpha x, x\leqslant 0\end{cases} \tag{2-2}$$

Leaky ReLU 函数的几何表达如图 2-5 所示。

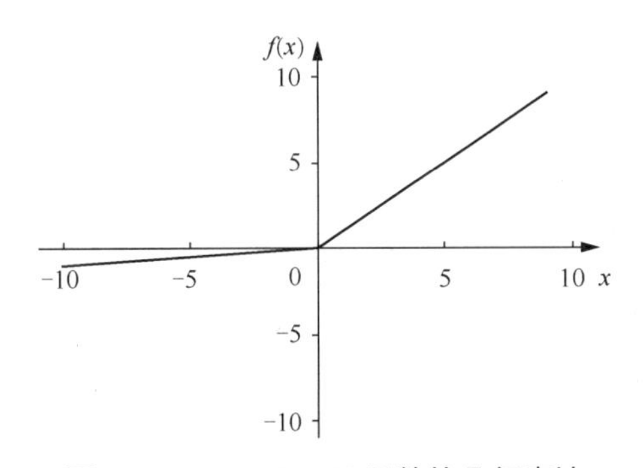

图 2-5　Leaky ReLU 函数的几何表达

leaky_relu 类的语法格式如下。leaky_relu 类的常用参数及其说明与 relu 类的一致。

```
torch.nn.functional.leaky_relu(input, negative_slope=0.01, inplace=False)
```

3. Sigmoid 函数

Sigmoid 函数是一个在生物学中常见的 S 型函数，也称为 S 型生长曲线。在信息科学中，由于 Sigmoid 函数单调递增以及其反函数单调递增等性质，Sigmoid 函数常被用作神经网络的阈值函数，可以将变量映射到 0～1 之间。Sigmoid 函数的表达式如式（2-3）所示，其中 x 为神经元的输入值。

$$f(x)=\frac{1}{1+\mathrm{e}^{-x}} \tag{2-3}$$

Sigmoid 函数的几何表达如图 2-6 所示。

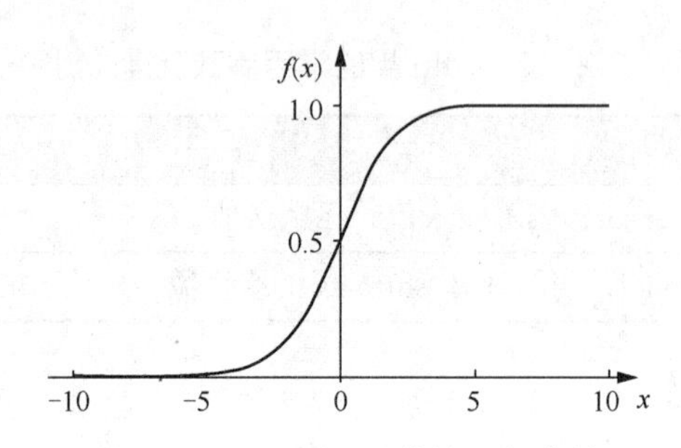

图 2-6　Sigmoid 函数的几何表达

由图 2-6 可知，纵坐标值的范围是 0～1。随着横坐标值从左往右增大，曲线的纵坐标值从 0 无限趋近于 1，表示 Sigmoid 函数的输出范围是 0～1，即对每个神经元的输出进行了归一化。由于概率的取值范围是 0～1，因此 Sigmoid 函数非常适合用在以预测概率作为输出的模型中。

Sigmoid 函数优点如下。

（1）Sigmoid 函数的输出范围为 0～1，而且是单调递增，比较容易优化。

（2）Sigmoid 函数求导比较容易，可以直接推导得出。

Sigmoid 函数缺点如下。

（1）Sigmoid 函数收敛比较缓慢。

（2）由于 Sigmoid 函数是软饱和，容易产生梯度消失的问题，对于深度神经网络训练不太适合。由图 2-6 可知，当 x 趋于无穷大时，会使导数趋于 1。

sigmoid 类的语法格式如下。其中参数“input”表示输入值。

```
torch.nn.functional.sigmoid(input)
```

4. Tanh 函数

Tanh 函数是双曲正切激活函数。Tanh 函数的表达式如式（2-4）所示，其中 x 为神经元的输入值。

$$f(x)=\frac{\mathrm{e}^{x}-\mathrm{e}^{-x}}{\mathrm{e}^{x}+\mathrm{e}^{-x}} \tag{2-4}$$

Tanh 函数的几何表达如图 2-7 所示。

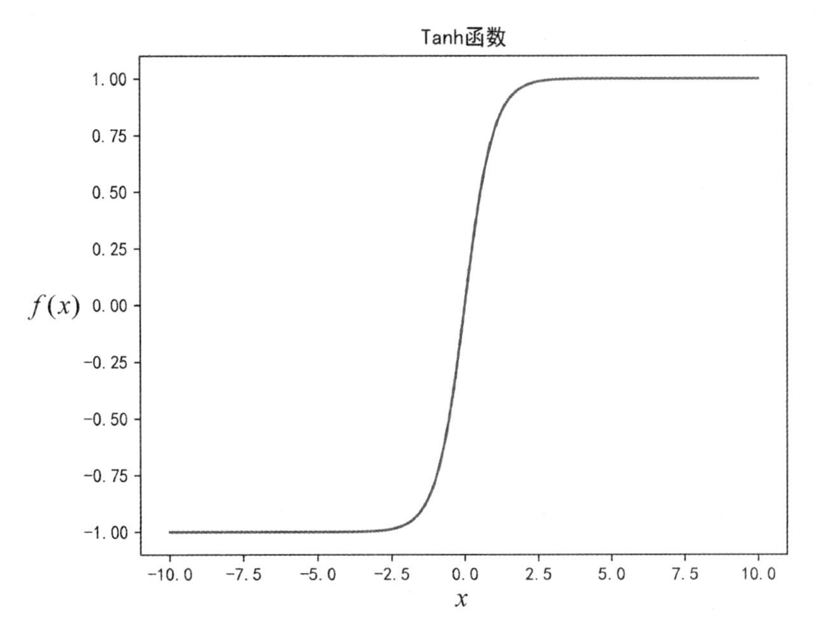

图 2-7 Tanh 函数的几何表达

由图 2-7 可知，当横坐标值趋于负无穷时，纵坐标值无限趋近于-1。当横坐标值趋于正无穷时，纵坐标值无限趋近于 1。当输入的绝对值大于 3 时，输出曲线几乎是平滑的并且梯度较小，不利于权重更新。

Tanh 函数跟 Sigmoid 函数的区别在于输出间隔，Tanh 函数的输出间隔为 2，并且整个函数以 0 为中心。

在一般的二元分类问题中，Tanh 函数常用于隐藏层，而 Sigmoid 函数常用于输出层，但这并不是固定的，需要根据特定问题进行调整。

Tanh 函数优点如下。

（1）函数输出以(0,0)为中心。

（2）收敛速度相对于 Sigmoid 函数更快。

Tanh 函数缺点如下。

（1）Tanh 函数并没有解决 Sigmoid 函数梯度消失的问题。

（2）含有较多的幂运算，增加计算所需的时间。

tanh 类的语法格式如下。其中参数“input”表示输入值。

```
torch.nn.functional.tanh(input)
```

5. Softmax 函数

Softmax 函数常在神经网络输出层充当激活函数，将输出层的值映射到 0～1 之间，将神经元输出构造成概率分布。在多分类问题中，Softmax 函数映射值越大，则真实类别可能性越大。

Softmax 函数的表达式如式（2-5）所示，其中 i 为输入神经元的第 i 个元素，n 是样本的总数量。

$$S_i = \frac{e^i}{\sum_{j=1}^{n} e^j} \tag{2-5}$$

由式（2-5）可知，Softmax 函数为指数形式的函数，且映射后的数值受映射前所有数值的影响。

Softmax 函数优点如下。

（1）函数求导的时候比较方便，可加快模型的训练。

（2）能够将输出值拉开距离，使不同类的区别更明显。

Softmax 函数缺点如下。

（1）通过 Softmax 函数计算得到的数值有可能会变得过大从而溢出。

（2）输入为负值时，梯度会为 0。

softmax 类的语法格式如下。

```
torch.nn.functional.softmax(input, dim=None, _stacklevel=3, dtype=None)
```

softmax 类的常用参数及其说明如表 2-13 所示。

表 2-13　softmax 类的常用参数及其说明

参数名称	说明
input	接收 tensor，表示输入值，无默认值
dim	接收 int，表示计算 softmax 的维度数，无默认值
dtype	接收 str，表示所需的数据类型的返回张量，无默认值

2.2.3　构建基于卷积神经网络的猫狗分类网络

构建 3 种不同的卷积神经网络进行测试，首先构建一个经典卷积神经网络，如代码 2-15 所示，包含 2 个卷积层、2 个池化层、1 个全连接层和 1 个丢弃层（Dropout）。丢弃层的存在是为了防止过拟合，可以视情况保留或删除。

代码 2-15　构建一个经典卷积神经网络

```
import torch
from torch import optim
import torch.nn as nn
from torch.autograd import Variable
from torchvision import transforms
from torch.utils.data import Dataset, DataLoader
from PIL import Image
```

```
import torch.nn.functional as F

class CNN(nn.Module):

    def __init__(self, num_classes=2):
        super(CNN, self).__init__()
        self.conv1 = nn.Conv2d(3, 16, 3, padding=1)
        self.pool = nn.MaxPool2d(2, 2)
        self.conv2 = nn.Conv2d(16, 16, 3, padding=1)
        self.pool = nn.MaxPool2d(2, 2)
        self.output = nn.Linear(16 * 64 * 64, 2)
        self.dp1 = nn.Dropout(p=0.5)

    def forward(self, x):
        x = self.pool(F.relu(self.conv1(x)))
        x = self.pool(F.relu(self.conv2(x)))
        temp = x.view(x.size()[0], -1)
        x = self.dp1(x)
        output = self.output(temp)
        return output, x
```

其次构建一个简单的 VGGNet，如代码 2-16 所示，包含 8 个卷积层、8 个池化层、1 个全连接层和 1 个丢弃层。一般而言，VGGNet 需要至少 3 个全连接层。但是考虑到全连接层有大量的参数，为了减小计算机 GPU 的负荷，所以仅保留一个全连接层，并在每一个卷积层后都配置一个最大池化（Max Pooling）层，用于减少后续计算的参数量。经过调整后的神经网络虽然在结构上发生了较大的变化，但是降低了运行代码所需的计算机资源。

代码 2-16 构建一个简单的 VGGNet

```
class MYVGG(nn.Module):

    def __init__(self, num_classes=2):
        super(MYVGG, self).__init__()
        self.conv1 = nn.Conv2d(3, 64, 3,padding=1)
        self.pool = nn.MaxPool2d(2, 2)
        self.conv2 = nn.Conv2d(64, 64, 3,padding=1)
```

```
        self.pool = nn.MaxPool2d(2, 2)
        self.conv3 = nn.Conv2d(64, 128, 3,padding=1)
        self.pool = nn.MaxPool2d(2, 2)
        self.conv4 = nn.Conv2d(128, 128, 3,padding=1)
        self.pool = nn.MaxPool2d(2, 2)
        self.conv5 = nn.Conv2d(128, 256, 3,padding=1)
        self.pool = nn.MaxPool2d(2, 2)
        self.conv6 = nn.Conv2d(256, 256, 3,padding=1)
        self.pool = nn.MaxPool2d(2, 2)
        self.conv7 = nn.Conv2d(256, 512, 3,padding=1)
        self.pool = nn.MaxPool2d(2, 2)
        self.conv8 = nn.Conv2d(512, 512, 3, padding=1)
        self.pool = nn.MaxPool2d(2, 2)
        self.output = nn.Linear(512, num_classes)
        self.dp1 = nn.Dropout(p=0.5)

    def forward(self, x):
        x = self.pool(F.relu(self.conv1(x)))
        x = self.pool(F.relu(self.conv2(x)))
        x = self.pool(F.relu(self.conv3(x)))
        x = self.pool(F.relu(self.conv4(x)))
        x = self.pool(F.relu(self.conv5(x)))
        x = self.pool(F.relu(self.conv6(x)))
        x = self.pool(F.relu(self.conv7(x)))
        x = self.pool(F.relu(self.conv8(x)))
        temp = x.view(x.size()[0], -1)
        x = self.dp1(x)
        output = self.output(temp)
        return output, x
```

最后构建一个简单的 AlexNet，如代码 2-17 所示，包含 5 个卷积层、5 个池化层、1 个全连接层和 1 个丢弃层。

代码 2-17　构建一个简单的 AlexNet

```
class AlexNet(nn.Module):
```

```
    def __init__(self):
        super(AlexNet,self).__init__()
        self.conv1 = nn.Conv2d(3, 32, 3)
        self.pool = nn.MaxPool2d(2, 2)
        self.conv2 = nn.Conv2d(32, 64, 3)
        self.pool = nn.MaxPool2d(2, 2)
        self.conv3 = nn.Conv2d(64, 128, 3)
        self.pool = nn.MaxPool2d(2, 2)
        self.conv4 = nn.Conv2d(128, 256, 3)
        self.pool = nn.MaxPool2d(2, 2)
        self.conv5 = nn.Conv2d(256, 512, 3)
        self.pool = nn.MaxPool2d(2, 2)
        self.output = nn.Linear(in_features=512 * 6 * 6, out_features=2)
        self.dp1 = nn.Dropout(p=0.5)

    def forward(self,x):
        x = self.pool(F.relu(self.conv1(x)))
        x = self.pool(F.relu(self.conv2(x)))
        x = self.pool(F.relu(self.conv3(x)))
        x = self.pool(F.relu(self.conv4(x)))
        x = self.pool(F.relu(self.conv5(x)))
        temp = x.view(x.shape[0], -1)
        x = self.dp1(x)
        output = self.output(temp)
        return output, x
```

2.3 编译网络

在构建好网络的基本结构后，需要对已构建的网络进行编译，因为纯粹的网络结构并不能直接开始训练。在编译网络的过程中，主要是设置网络的损失函数和优化器。

2.3.1 损失函数

网络的训练可以理解为拟合输入数据到真实标签的一个映射，通过某个函数计算真实标签和预测标签的差异，该差异即网络的损失（Loss），计算差异的函数即损失函数。

网络的损失是衡量网络好坏的一个主要指标。同时，损失必须是标量，因为向量无法直接比较大小（向量本身需要通过范数等标量来比较）。

1. L1Loss 函数

L1 范数损失（L1Loss）函数计算预测值与真实值之差的绝对值的平均数，常用于回归问题。L1Loss 类的语法格式如下。

```
torch.nn.L1Loss(size_average=None, reduce=None, reduction='mean')
```

L1Loss 类的常用参数及其说明如表 2-14 所示。

表 2-14 L1Loss 类的常用参数及其说明

参数名称	说明
size_average	接收 bool，表示大小平均化，默认为 True
reduce	接收 bool，表示缩减值，默认为 True
reduction	接收 str，表示指定应用于输出值的缩减方式，默认为 mean

2. SmoothL1Loss 函数

平滑 L1 范数损失（SmoothL1Loss）函数在预测值与真实值之差的绝对值小于 1 时，取绝对值的平方的平均数；当绝对值大于 1 时，取 L1 范数损失，常用于回归问题。SmoothL1Loss 类的语法格式如下。

```
torch.nn.SmoothL1Loss(size_average=None, reduce=None, reduction='mean',
beta=1.0)
```

SmoothL1Loss 类常用的参数及其说明与 L1Loss 类的参数及其说明一致。

3. MSELoss 函数

均方误差损失（MSELoss）函数计算预测值与真实值的平方和的平均数，常用于回归问题。MSELoss 类的语法格式如下。

```
torch.nn.MSELoss(size_average=None, reduce=None, reduction='mean')
```

MSELoss 类的常用参数及其说明与 L1Loss 类的参数及其说明一致。

4. CrossEntropyLoss 函数

交叉熵损失（CrossEntropyLoss）函数刻画的是实际输出（概率）与期望输出（概率）分布的距离，交叉熵的值越小，两个概率分布就越接近，常用于分类问题中。CrossEntropyLoss 类的语法格式如下。

```
torch.nn.CrossEntropyLoss(weight=None, size_average=None, ignore_index=-100,
reduce=None, reduction='mean')
```

CrossEntropyLoss 类的常用的参数及其说明如表 2-15 所示。

表 2-15 CrossEntropyLoss 类的常用参数及其说明

参数名称	说明
weight	接收 tensor，表示权重，无默认值
size_average	接收 bool，表示大小平均化，默认为 True
ignore_index	接收 int，表示一个被忽略的目标值，该目标值对输入梯度没有贡献

5. BCELoss 函数

二分类交叉熵损失（BCELoss）函数是 CrossEntropyLoss 函数的二进制版，常用于二分类问题。BCELoss 类的语法格式如下。

```
torch.nn.BCELoss(weight=None, size_average=None, reduce=None,
reduction='mean')
```

BCELoss 类常用的参数 weight 和 size_average 及说明与 CrossEntropyLoss 类常用的参数及其说明一致。

6. BCEWithLogitsLoss 函数

带逻辑回归的二分类交叉熵损失（BCEWithLogitsLoss）函数将 Sigmoid 激活函数集成到 BCELoss 类中，可以让计算数值更稳定，常用于分类问题。BCEWithLogitsLoss 类的语法格式如下。

```
torch.nn.BCEWithLogitsLoss(weight=None, size_average=None, reduce=None,
reduction='mean', pos_weight=None)
```

BCEWithLogitsLoss 类的常用参数及其说明与 L1Loss 类的常用参数及其说明一致。

7. NLLLoss 函数

负对数似然损失（NLLLoss）函数的输入值是经过 LogSoftmax 函数（对 Softmax 函数再做一次对数运算）处理后的逻辑回归值，NLLLoss 函数常用于分类问题。NLLLoss 类的语法格式如下。

```
torch.nn.NLLLoss(weight=None, size_average=None, ignore_index=-100,
reduce=None, reduction='mean')
```

NLLLoss 类的常用参数及其说明与 CrossEntropyLoss 类的常用参数及其说明一致。

8. PoissonNLLLoss 函数

泊松分布的负对数似然损失（PoissonNLLLoss）函数是输出的分类服从泊松分布时采用的损失函数，常用于分类问题。PoissonNLLLoss 类的语法格式如下。

```
torch.nn.PoissonNLLLoss(log_input=True, full=False, size_average=None,
eps=1e-08, reduce=None, reduction='mean')
```

PoissonNLLLoss 类的常用参数及其说明如表 2-16 所示。

表 2-16　PoissonNLLLoss 类的常用参数及其说明

参数名称	说明
log_input	接收 bool，表示按照何种公式计算损失。如果设置为 True，损失将会按照公式 exp(input)–target×input 来计算；如果设置为 False，损失将会按照 input–target×log (input+eps)来计算，默认为 True
full	接收 bool，表示是否计算全部的损失，默认为 False

9. KLDivLoss 函数

KL 散度损失（KLDivLoss）函数计算输入值和标签的 KL 散度（Kullback-Leibler Divergence，也称为相对熵）。KL 散度可用于衡量不同连续分布之间的距离，在连续的输出分布空间（离散采样）上进行回归时有不错的效果，KLDivLoss 常用于回归问题。KLDivLoss 类的语法格式如下。

```
torch.nn.KLDivLoss(size_average=None, reduce=None, reduction='mean',
log_target=False)
```

KLDivLoss 类的常用参数及其说明与 L1Loss 类的常用参数及其说明一致。

10. CTCLoss 函数

连接时序分类损失（CTCLoss）函数可以自动对齐没有对齐的数据，主要用在没有事先对齐的序列化数据训练上，如语音识别。CTCLoss 类的语法格式如下。

```
torch.nn.CTCLoss(blank=0, reduction='mean', zero_infinity=False)
```

CTCLoss 类的常用参数及其说明如表 2-17 所示。

表 2-17　CTCLoss 类的常用参数及其说明

参数名称	说明
blank	接收 int，表示空白标签数量，默认为 0
reduction	接收 str，表示指定应用于输出值的缩减方式，默认为 mean
zero_infinity	接收 bool，表示是否将无限损失和相关梯度定为零，默认为 False

2.3.2　优化器

在神经网络中，神经元的参数（权重和偏差）在训练神经网络时起到非常重要的作用，主要用于计算预测值。如果网络的损失较大，那么可以认为网络的表现较差。

网络的训练即通过改变网络中的参数实现改变输出预测值的过程。毫无方向地改变参数并不能使得网络变好，因此需要优化策略和算法，计算和更新影响网络训练和网络输出的参数，使输出的预测值逼近真实值，这便是优化器的由来。

1. Optimizer

Optimizer 优化器是几乎所有优化器的基类，是相当原始的优化器，适用范围广，没有很强的网络针对性。Optimizer 类的语法格式如下，其中参数“params”是用于优化或定义参数组的参数表，参数“defaults”取默认值即可。

```
torch.optim.Optimizer(params, defaults)
```

2. SGD

随机梯度下降（Stochastic Gradient Descent，SGD）优化器随机选择小批量（mini-batch）的样本，计算其损失函数的梯度，并用于更新参数，从而解决训练数据的样本量很大时，直接计算总体损失求解梯度的计算量很大的问题。SGD 类的语法格式如下。

```
torch.optim.SGD(params, lr=<required parameter>, momentum=0, dampening=0,
weight_decay=0, nesterov=False)
```

SGD 类的常用的参数及其说明如表 2-18 所示。

表 2-18　SGD 类常用的参数及其说明

参数名称	说明
params	接收 iterable，表示用于优化或定义参数组的参数表，无默认值
lr	接收 float，表示学习率，默认为<required parameter>
momentum	接收 float，表示动量因子，默认为 0

3. ASGD

平均随机梯度下降（Averaged Stochastic Gradient Descent，ASGD）优化器随时间记录参数矢量平均值的随机梯度下降。ASGD 类的语法格式如下。

```
torch.optim.ASGD(params, lr=0.01, lambd=0.0001, alpha=0.75, t0=1000000.0,
weight_decay=0)
```

ASGD 类常用的参数及其说明如表 2-19 所示。

表 2-19　ASGD 类常用的参数及其说明

参数名称	说明
params	接收 iterable，表示用于优化或定义参数组的参数表，无默认值
lr	接收 float，表示学习率，默认为 0.01
lambd	接收 float，表示衰变项，默认为 0.0001
alpha	接收 float，表示模型权重更新的功率，默认为 0.75

续表

参数名称	说明
t0	接收 float，表示开始进行平均的点，默认为 1000000.0
weight_decay	接收 float，表示权重衰减，默认为 0

4. AdaGrad

自适应梯度算法（Adaptive Gradient Algorithm，AdaGrad）优化器属于逐参数适应学习率的优化器，针对不同的参数或不同的训练阶段使用不同的学习率。AdaGrad 优化器的一个缺点是，在深度学习中，单调的学习率被证明会过于激进，会使模型过早停止学习。AdaGrad 类的语法格式如下。

```
torch.optim.AdaGrad(params, lr=0.01, lr_decay=0, weight_decay=0,
initial_accumulator_value=0)
```

AdaGrad 类的常用参数及其说明如表 2-20 所示。

表 2-20 AdaGrad 类常用的参数及其说明

参数名称	说明
lr	接收 float，表示学习率，默认为 0.01
lr_decay	接收 float，表示学习率衰减，默认为 0
weight_decay	接收 float，表示权重衰减，默认为 0

5. RMSProp

均方根传播（Root Mean Square Propagation，RMSProp）优化器基于梯度的大小对每个权重的学习率进行修改。与 AdaGrad 优化器学习率的修改方式不同，RMSProp 优化器不会让学习率单调变小，其优点在于，消除梯度下降过程中的摆动以加速梯度下降。RMSProp 类的语法格式如下。

```
torch.optim.RMSprop(params, lr=0.01, alpha=0.99, eps=1e-08, weight_decay=0,
momentum=0, centered=False)
```

RMSProp 类的常用参数及其说明如表 2-21 所示。

表 2-21 RMSProp 类的常用参数及其说明

参数名称	说明
lr	接收 float，表示学习率，默认为 0.01
alpha	接收 float，表示平滑常数，默认为 0.99

续表

参数名称	说明
eps	接收 float，表示添加到分母以提高数值稳定性的术语，默认为 1e-8
weight_decay	接收 float，表示权重衰减，默认为 0
momentum	接收 float，表示动量因子，默认为 0
centered	接收 bool，表示是否对梯度进行归一化处理，如果为 True，则计算中心的 RMSProp，通过估计其方差对梯度进行归一化处理，默认为 False

6. Adam

自适应矩估计（Adaptive Moment Estimation，Adam）优化器在 RMSProp 优化器的基础上计算梯度的指数加权平均值，Adam 类的语法格式如下。

```
torch.optim.Adam(params, lr=0.001, betas=(0.9, 0.999), eps=1e-08, 
weight_decay=0, amsgrad=False)
```

Adam 类的常用参数及其说明如表 2-22 所示。

表 2-22　Adam 类的常用参数及其说明

参数名称	说明
lr	接收 float，表示学习率，默认为 0.001
betas	接收元组，表示用于计算梯度及其平方的运行平均值的系数，默认为(0.9,0.999)
eps	接收 float，表示添加到分母以提高数值稳定性的术语，默认为 1e-8
weight_decay	接收 float，表示权重衰减，默认为 0
amsgrad	接收 bool，表示是否使用 AMSGrad 的变种，默认为 False

2.3.3　编译基于卷积神经网络的猫狗分类网络

在 2.2.3 节中，已经构建了 3 个基于卷积神经网络的猫狗分类网络的框架，本节以这 3 个网络中的 VGGNet 为例进行相应的编译，编译的过程如下。

（1）编译网络前需要先初始化网络，如代码 2-18 所示。

代码 2-18　初始化网络

```
model = MYVGG().to(device)
```

（2）选择优化器及优化算法，如代码 2-19 所示。本任务的优化器选择用 Adam，另外，经过控制变量法调试，在 epoch=3 的情况下，学习率（lr）等于 0.00004 时的效果较好。学习率的选择是一个不断尝试的过程，常用的学习率为 0.1、0.01、0.001，依次类推，可以一个数量级接着一个数量级地进行尝试，直到找到较优的学习率。

代码 2-19　选择优化器及优化算法

```
optimizer = optim.Adam(model.parameters(), lr=0.00004)
```

（3）选择损失函数，如代码 2-20 所示。在猫狗分类任务中可以选择 CrossEntropyLoss 函数。

代码 2-20　选择损失函数

```
criterion = nn.CrossEntropyLoss().to(device)
```

（4）将数据转成能被 GPU 计算的类型，如代码 2-21 所示。在编译网络时需要注意，训练数据和初始化的网络必须位于相同的处理器内，如 CPU 或 GPU。

代码 2-21　将数据转成能被 GPU 计算的类型

```
data, target = Variable(data).to(device), Variable(target.long()).to(device)
```

（5）配置梯度清零、前向传播、计算误差、反向传播以及更新参数，如代码 2-22 所示。

代码 2-22　配置梯度清零、前向传播、计算误差、反向传播以及更新参数

```
optimizer.zero_grad()  # 梯度清零
output = model(data)[0]  # 前向传播
loss = criterion(output, target)  # 计算误差
loss.backward()  # 反向传播
optimizer.step()  # 更新参数
```

2.4 训练网络

网络构建和编译完成后，即可将训练样本输入网络进行训练。在训练网络过程中，可通过调整迭代次数、批训练等对网络训练过程进行优化。

2.4.1　迭代次数

训练网络时，通过设置 epochs 参数调整网络的迭代次数，epochs 的值就表示所有训练样本被网络训练的轮数（如 epochs 为 1，表示所有训练样本被网络训练一轮）。当设置的迭代次数的值过小时，训练得到的模型效果较差，可以适当增加迭代次数，从而优化模型的效果。但是，当迭代次数的值太大时（数据特征有限），可能会导致模型过拟合、训练时间过长等问题。因此，用户可以根据自身的情况设置合适的迭代次数。

在训练网络的过程中，损失值会随着迭代次数的变化而变化，在迭代次数增加的过程中，损失值可能会呈现波动变化，即有增有减。也存在损失值随迭代次数的增加而减小的情况，当到达一定的迭代次数后，损失值已基本稳定在一个值附近，此时继续训练

可能会导致过拟合。用户可以根据训练过程中的损失值和准确率的变化趋势适当调整迭代次数，当趋势逐渐平稳时，迭代次数较为理想。

2.4.2 批训练

理论上，在训练网络时，将完整的训练样本一次性输入网络中，使用梯度下降机制可以得到理想的参数变换方向。但是，在深度学习的任务中，样本的量往往是极大的，在将样本一次性输入网络后，根据梯度修正所有的参数所需的计算量难以估计。为解决计算量过大的问题，批训练应运而生。

批训练会在训练网络时从总体中抽取部分样本用于梯度下降，直到总体中的全部样本均完成训练，则完成了一次完整的训练周期。运用批训练的好处主要有 2 个。

（1）内存利用率提高、大矩阵乘法的并行化效率提高。

（2）通常在合理的范围内，训练中使用的批量越大，梯度下降方向越趋向于总体样本的梯度下降方向，训练时引起的损失的振荡越小。

可以根据当前计算机的硬件指标来设置批量的参数，一般根据计算机的 GPU 显存资源或 CPU 性能功率来设置，若设置的值太大，则可能会因为显存不足导致训练终止；若设置的值太小，没有充分利用 GPU 或 CPU 的计算能力，则训练时间会较长。

2.4.3 训练基于卷积神经网络的猫狗分类网络

将迭代次数设置为 200，批量大小 batch_size 在 2.1.3 节的函数 load_data 的设置中已被设置为 10，最后加入编译网络的优化器和损失函数，即可开始训练网络，如代码 2-23 所示。

代码 2-23 训练网络

```
def train():
    train_loader, test_loader = load_data()
    epoch_num = 200
    # GPU 计算
    device = torch.device('cuda' if torch.cuda.is_available() else 'cpu')
    model = MYVGG().to(device)
    optimizer = optim.Adam(model.parameters(), lr=0.00004)
    criterion = nn.CrossEntropyLoss().to(device)
    for epoch in range(epoch_num):
        for batch_idx, (data, target) in enumerate(train_loader, 0):
            data, target = Variable(data).to(device),
Variable(target.long()).to(device)
            optimizer.zero_grad()  # 梯度清零
            output = model(data)[0]  # 前向传播
```

```
            loss = criterion(output, target)  # 计算误差
            loss.backward()  # 反向传播
            optimizer.step()  # 更新参数
            if batch_idx % 10 == 0:
                print('Epoch: {} [{}/{} ({:.0f}%)]\tLoss: {:.6f}'.format(
                    epoch, batch_idx * len(data), len(train_loader.
dataset),
                    100. * batch_idx / len(train_loader), loss.item()))

    torch.save(model, '../tmp/cnn.pkl')
```

2.5 性能评估

在网络的训练过程中，需要观察损失和分类精度等评估指标的变化（即性能评估），以便调整模型以取得更好的效果。注意，针对不同类型的模型需要选择合适的评估方法。

2.5.1 评估指标

神经网络的实际应用大致可以分成回归问题和分类问题。在回归问题中，常用的评估指标有平均绝对值误差、均方误差、均方根误差等。其计算方式与损失的计算方式大致相同。

在分类问题中，常用的评估指标有混淆矩阵（Confusion Matrix，也称误差矩阵）、接受者操作特征曲线（Receiver Operating Characteristic Curve，ROC Curve）、曲线下面积（Area Under the Curve，AUC）3 种。其中，混淆矩阵是绘制 ROC 曲线的基础，同时它也是衡量分类模型准确度中最基本、最直观的常用方法之一。

一个简单的二分类问题的混淆矩阵如表 2-23 所示。表 2-23 中 TP、TN、FP 和 FN 的含义如下。

（1）TP（True Positive）：正确地将正例预测为正例的分类数。

（2）TN（True Negative）：正确地将负例预测为负例的分类数。

（3）FP（False Positive）：错误地将负例预测为正例的分类数。

（4）FN（False Negative）：错误地将正例预测为负例的分类数。

表 2-23　二分类问题的混淆矩阵

混淆矩阵		实际结果	
		正例	负例
预测结果	正例	TP	FP
	负例	FN	TN

由于混淆矩阵中统计的是个数，在面对大量的数据时，光凭个数很难衡量模型的优劣。因此混淆矩阵在统计结果上提出4个指标：准确率（Accuracy）、精确度（Precision）、召回率（Recall）和F-Measure。4个指标的解释及计算公式如下。

（1）准确率为预测正确的结果占总样本的百分比，计算公式如式（2-6）所示。

$$\text{Accuracy}=\frac{\text{TP+TN}}{\text{TP+TN+FP+FN}}\times 100\% \tag{2-6}$$

（2）精确度指模型预测为正例的样本中，实际正例的比例，计算公式如式（2-7）所示。

$$\text{Precision}=\frac{\text{TP}}{\text{TP+FP}}\times 100\% \tag{2-7}$$

（3）召回率指实际为正例的样本中，被模型预测为正例的比例。召回率越高，说明有更多的正例样本被正确预测，模型的预测效果越好。计算公式如式（2-8）所示。

$$\text{Recall}=\frac{\text{TP}}{\text{TP+FN}}\times 100\% \tag{2-8}$$

（4）F-Measure又称为F1-Score，综合考虑分类模型在精确度与召回率上的表现，计算公式如式（2-9）所示。

$$\text{F-Measure}=\frac{2\times\text{Recall}\times\text{Precision}}{\text{Recall+Precision}} \tag{2-9}$$

2.5.2 评估基于卷积神经网络的猫狗分类模型的性能

以猫狗分类任务为例演示模型的性能评估，此处的评估指标采用的是准确率，如代码2-24所示。

代码2-24 性能评估

```
def test():
    train_loader, test_loader = load_data()
    device = torch.device('cuda' if torch.cuda.is_available() else 'cpu')
    model = torch.load('../tmp/cnn.pkl')  # load model
    total = 0
    current = 0
    for data in test_loader:
        images, labels = data
        images, labels = images.to(device), labels.to(device)
        outputs = model(images)[0]

        predicted = torch.max(outputs.data, 1)[1].data
        total += labels.size(0)
        current += (predicted == labels).sum()
```

```
    print('Accuracy: %d %%' % (100 * current / total))


if __name__ == '__main__':
    train()
    test()
```

1．经典卷积神经网络模型性能评估

在设置好最佳学习率之后，将迭代次数从 3 次改为 200 次，充分训练，训练的结果如下。

```
Epoch: 198 [600/1300 (46) ] Loss: 0.000164
Epoch: 198 [ 700/1300 (54) ] Loss: 0.027555
Epoch: 198 [ 800/1300 ( 62%) ]Loss: 0.000005
Epoch: 198 [900/1300 (69%) ] Loss: 0.001501
Epoch: 198[ 1000/1300 (77%) ] Loss: 0.000134
Epoch: 198 [ 1100/ 1300 (85%) ]Loss: 0.000305
Epoch: 198 [ 1200/1300 (92%) ] Loss: 0.000017
Epoch: 199 [0/1300 ( 0%) ] Loss: 0.000027
Epoch: 199 [100/1300 (8%)] Loss: 0.000012
Epoch: 199 [200/1300 ( 15%) ] Loss: 0.002872
Epoch: 199 [300/1300 (23%) ] Loss: 0.000049
Epoch: 199 [400/1300 (31%) ] Loss: 0.000004
Epoch: 199 [500/1300 (38%) ] Loss: 0.000002
Epoch: 199[ 600/1300 (46%) ] Loss: 0.000093
Epoch: 199 [ 700/1300 (54%) ] Loss: 0.000003
Epoch: 199 [800/1300 (62%) ] Loss: 0.000107
Epoch: 199 [900/1300 ( 69%) ] Loss: 0.000686
Epoch: 199 [ 1000/1300 (77%) ] Loss: 0.000217
Epoch: 199 [1100/1300 ( 85%) ] Loss: 0.000375
Epoch: 199 [ 1200/1300 (92%) ] Loss: 0. 000063
Accuracy: 61 %
```

由训练结果可以看出，卷积神经网络的准确率只有 61%，这显然是不理想的。

2．VGGNet 性能评估

设置与经典卷积神经网络相同的迭代次数，VGGNet 的训练结果如下。

```
Epoch: 198 [ 600/1300 (46) ] Loss: 0.000228
Epoch: 198 [ 700/1300 (54%) ] Loss: 0.000068
Epoch: 198 [800/1300 (62%) ] Loss: 0.000101
Epoch: 198 [900/1300 ( 69%) ] Loss: 0.000062
Epoch: 198 [ 1000/ 1300 (77%) ] Loss: 0.001189
Epoch: 198 [1100/1300 (85%) ] Loss: 0.000016
Epoch: 198 [ 1200/1300 (92%) ] Loss: 0.000068
Epoch: 199 [0/1300 (0%) ] Loss: 0.000422
Epoch: 199 [ 100/1300 ( 8%) ] Loss: 0.000130
Epoch: 199 [200/1300 (15%) ] Loss: 0.000170
Epoch: 199 [300/1300 (23%) ] Loss: 0.000217
Epoch: 199 [400/1300 (31%) ] Loss: 0.009282
Epoch: 199 [500/ 1300 (38%) ] Loss: 0.000174
Epoch: 199 [600/1300 (46%) ] Loss: 0.000165
Epoch: 199 [ 700/1300 (54%) ] Loss: 0.002853
Epoch: 199 [ 800/1300 (62%) ] Loss: 0.000020
Epoch: 199 [900/ 1300 (69%) ] Loss: 0.000075
Epoch: 199 [1000/1300 (77%) ] Loss: 0.000374
Epoch: 199 [ 1100/1300 (85%) ] Loss: 0.001162
Epoch: 199 [ 1200/1300 (92%) ] Loss: 0.000064
Accuracy: 83 %
```

VGGNet 的训练效果比经典卷积神经网络的要好很多，准确率达到了 83%。

3. AlexNet 性能评估

设置与经典卷积神经网络相同的迭代次数，AlexNet 的训练结果如下。

```
Epoch: 198 [600/1300 (46%)] Loss: 0.008827
Epoch: 198 [ 700/1300 (54%) ] Loss: 0. 003565
Epoch: 198 [ 800/1300 (62%) ] Loss: 0.000429
Epoch: 198 [ 900/1300 (69%) ] Loss: 0.002020
Epoch: 198 [ 1000/ 1300 ( 77%)] Loss: 0. 000261
Epoch: 198 [ 1100/1300 ( 85%) ] Loss: 0.005694
Epoch: 198 [1200/1300 (92%) ] Loss: 0.002059
Epoch: 199 [0/1300 ( 0%) ] Loss: 0. 000239
Epoch: 199 [100/1300 (8%)] Loss: 0.000335
Epoch: 199 [ 200/1300 (15%)] Loss: 0.000856
```

```
Epoch: 199 [ 300/1300 (23%) ] Loss: 0.004241
Epoch: 199 [400/1300 (31%) ]LoSs: 0.008987
Epoch: 199 [ 500/1300 (38%)] Loss: 0.001558
Epoch: 199 [ 600/1300 (46%) ] Loss: 0.001924
Epoch: 199 [ 700/1300 (54%) ] Loss: 0.062993
Epoch: 199 [ 800/1300 (62%)] Loss: 0.042761
Epoch: 199 [ 900/1300 (69%) ] Loss: 0.008658
Epoch: 199 [ 1000/1300 ( 77%) ] Loss: 0.010268
Epoch: 199 [1100/ 1300 (85%) ] Loss: 0.004042
Epoch: 199 [1200/ 1300 (92%)] Loss: 0.000305
Accuracy: 74 %
```

AlexNet 的训练效果比经典卷积神经网络的要好，但是不如 VGGNet 的训练效果，准确率为 74%。综上来看，显然 VGGNet 的训练效果更好，故最终的网络便选定为 VGGNet，并在原基础上进行相关优化即可。

小结

本章展示了在 PyTorch 框架下深度学习的通用流程，并使用猫狗分类进行流程演示。首先介绍了加载和预处理数据的方法，然后介绍了两种构建网络的方法和常用的激活函数，其次通过设置优化器和损失函数编译网络，接下来设置训练网络时的迭代次数和批训练，最后对训练好的模型进行性能评估。

实训　CIFAR-10 图像分类

1. 训练要点

（1）掌握加载和预处理数据的方法。
（2）掌握构建网络的方法。
（3）掌握编译网络的方法。
（4）掌握训练网络的方法。

2. 需求说明

CIFAR-10 是经典的图像分类数据集之一，该数据集包含 10 个不同类别的 60000 张大小为 32×32 的彩色图像。本实训针对 CIFAR-10 数据集构建图像分类网络，具体步骤参考本章正文中的步骤，包括加载和预处理数据、构建网络、编译网络和训练网络，最后将测试集、数据集放入训练好的模型中查看精度。

课后习题

1. 选择题

（1）以下不是优化器的是（　　）。

A. Conv2D　　B. SGD　　C. AdaGrad　　D. Optimizer

（2）以下操作中会让网络训练时间变长的是（　　）。

A. 减少迭代次数　　B. 增加迭代次数

C. 增大学习率　　D. 增大批量大小

（3）以下不是激活函数的是（　　）。

A. Tanh　　B. ReLU　　C. Softmax　　D. RMSProp

（4）以下网络层中用于防止网络训练过拟合的是（　　）。

A. 全连接层　　B. 卷积层　　C. 池化层　　D. 丢弃层

（5）以下代表交叉熵损失函数的是（　　）。

A. CrossEntropyLoss　　B. BCELoss

C. CTCLoss　　D. KLDivLoss

2. 操作题

现要求修改 2.3.3 节中的学习率，提高网络的训练效果，原代码如代码 2-19 所示。

第3章 PyTorch深度学习基础

PyTorch 是一个开源的深度学习神经网络框架，通过反向自动求导的技术，用户能够任意改变神经网络的行为。该框架的优势是能够建立动态的神经网络，方便使用者观察构建的深度学习网络。本章将介绍如何使用 PyTorch 实现常见的深度学习网络，包括卷积神经网络、循环神经网络和生成对抗网络。

学习目标

（1）了解常用的卷积神经网络的算法理论及应用。

（2）了解常用的循环神经网络的算法理论及应用。

（3）了解常用的生成对抗网络的算法理论及应用。

（4）掌握使用 PyTorch 实现常用深度神经网络的构建和训练。

3.1 卷积神经网络基础

卷积神经网络是一类包含卷积计算且具有深度结构的深层前馈神经网络（Feedforward Neural Network），是深度学习的代表算法之一。20 世纪 60 年代，戴维・休布尔（David Hunter Hubel）和托斯滕・威塞尔（Torsten N. Wiesel）在研究猫脑皮层中用于局部敏感和方向选择的神经元时，发现该类神经元独特的网络结构可以有效地降低反馈神经网络的复杂性，继而提出了卷积神经网络。现在，卷积神经网络已经成为众多科学领域的研究热点之一，特别是在模式分类领域。福岛邦彦（Kunihiko Fukushima）在 1980 年提出的新识别机是卷积神经网络的第一个实现网络。

3.1.1 常用的卷积神经网络算法及其结构

常用的卷积神经网络算法有 LeNet-5、AlexNet、VGGNet、GoogLeNet 和 ResNet 等。本节主要介绍这些常用的卷积神经网络算法及其结构。

1. LeNet-5

LeNet-5 是杨立昆在 1998 年设计的用于识别手写数字的卷积神经网络，当年大多数银行就是用 LeNet-5 来识别支票上面的手写数字的，LeNet-5 是早期卷积神经网络中最有代表性的实验系统之一。LeNet-5 共有 7 层（不包括输入层），每层都包含不同数量的训练参数，LeNet-5 的网络结构如图 3-1 所示。

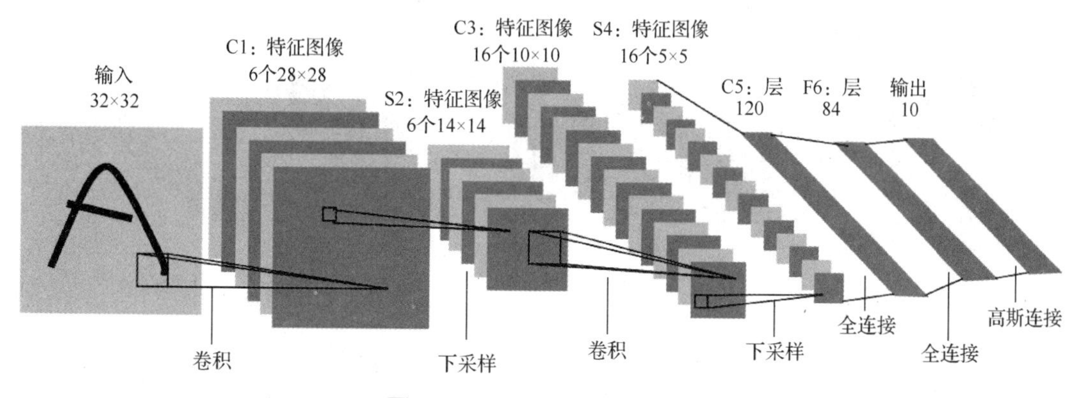

图 3-1 LeNet-5 的网络结构

LeNet-5 主要包含 2 个卷积层、2 个下采样层（池化层）和 3 个连接层，共 3 种网络层。由于当时缺乏大规模的训练数据，且受限于计算机的计算能力，LeNet-5 对复杂问题的处理结果并不理想。通过对 LeNet-5 的网络结构的学习，读者可以直观地了解一个卷积神经网络的构建方法，可以为分析、构建更复杂、更多层的卷积神经网络做准备。

2. AlexNet

AlexNet 于 2012 年由亚历克斯·克里泽夫斯基（Alex Krizhevsky）、伊利亚·苏茨克维（Ilya Sutskever）和杰弗里·欣顿等人提出，并赢得了 2012 年 ILSVRC 的冠军，使得卷积神经网络成为在图像分类上的核心算法模型。AlexNet 分为 11 层，含 5 个卷积层以及 3 个全连接层，除此之外还有 3 个池化层。在每一个卷积层中都包含激活函数 ReLU 以及局部响应归一化（Local Response Normalization，LRN）处理，然后进行下采样（池化）处理。AlexNet 的网络结构如图 3-2 所示。

图 3-2 中原始图像大小为 256×256，然后对原始图像进行随机裁剪得到 227×227 大小的图像，将图像输入网络中，最后得到 1000 个数值分布在 0～1 之间的输出，代表输入样本的所属类别。

在 2012 年的 ILSVRC 中，ImageNet 数据集对 AlexNet 进行了训练，该数据集包含来自 22000 多个类别的超过 1500 万个带注释的图像。AlexNet 的构建使用了激活函数 ReLU 以及数据增强技术，包括图像转换、水平反射等，并添加丢弃层，以解决训练后模型过拟合的问题。训练网络时使用基于小批量随机梯度下降算法进行训练，具有动量和重量衰减的特定值，在两个 GTX 580 GPU 上训练。网络的每一层权重均被初始化为均值为 0、标准差为 0.01 的高斯分布，第二层、第四层和第五层卷积的偏置被设置为 1.0，而其他层的则为 0。学习速率初始值为 0.01，在训练结束前共减小 3 次，每次减小都出现在错误率停止降低的时候，每次减小的方式都是将学习速率除以 10，并通过局部响应归一化帮助提高网络的泛化性能。

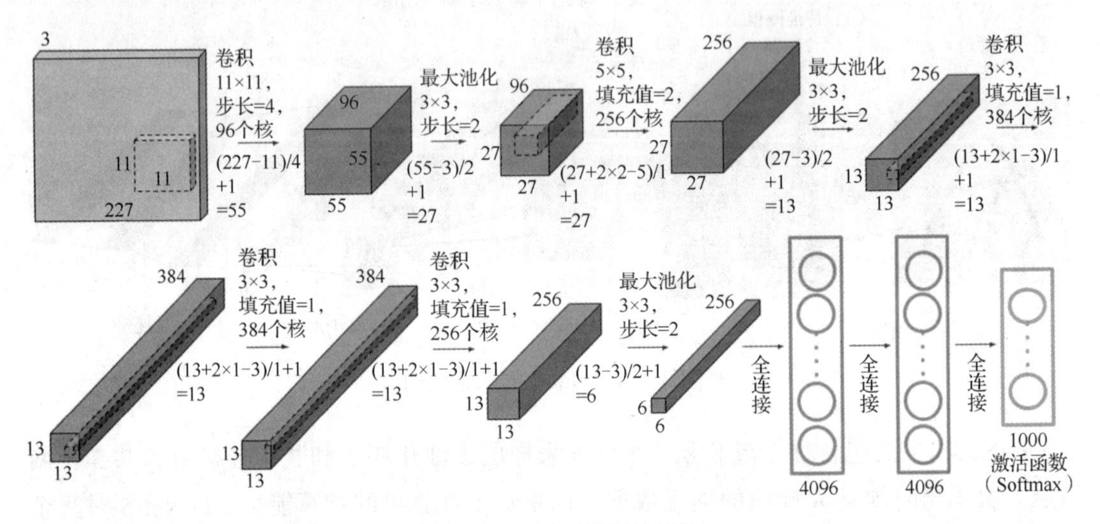

图 3-2　AlexNet 的网络结构

3. VGGNet

VGGNet 于 2014 年由牛津大学的卡连 • 西蒙扬（Karen Simonyan）和安德鲁 • 齐瑟曼（Andrew Zisserman）提出，主要特点是“简洁与深度”。简洁是指它的结构一律采用步长（Stride）为 1 的 3×3 的卷积核（Kernel），以及步长为 2 的 2×2 的最大池化窗口，深度则是因为 VGGNet 能够达到 19 层。

VGGNet 一共有 6 种不同的网络结构，每种结构都含有 5 组卷积，每组卷积都使用 3×3 的卷积核，每组卷积后进行一个 2×2 的最大池化，然后是 3 个全连接层。VGGNet 的网络结构如图 3-3 所示，其中网络结构 D 就是著名的 VGG16，网络结构 E 就是著名的 VGG19。

在训练 VGGNet 时，先训练 A 网络，再复用 A 网络的权重来初始化后面的复杂模型，加快模型收敛的速度。在预测时，VGGNet 采用多尺度（Multi-Scale）目标检测的方法，先变换图像的大小，并将变换后的图像输入卷积网络计算；然后在最后一个卷积层使用滑窗的方式进行分类预测，将不同窗口的分类结果求平均值，并将不同大小的结果平均后得到最后结果，能够提高图像数据的利用率并提升预测准确率。在训练过程中，VGGNet 也使用 Multi-Scale 目标检测的方法做数据增强，将原始图像缩放到不同大小，然后随机裁切成 224×224 的图片以增加数据量，防止模型过拟合。

神经网络结构					
A	A-LRN	B	C	D	E
11 权重	11 权重	13 权重	16 权重	16 权重	19 权重
输入（224×224 RGB图片）					
conv3-64	conv3-64 LRN	conv3-64 conv3-64	conv3-64 conv3-64	conv3-64 conv3-64	conv3-64 conv3-64
最大池化层					
conv3-128	conv3-128	conv3-128 conv3-128	conv3-128 conv3-128	conv3-128 conv3-128	conv3-128 conv3-128
最大池化层					
conv3-256 conv3-256	conv3-256 conv3-256	conv3-256 conv3-256	conv3-256 conv3-256 conv1-256	conv3-256 conv3-256 conv3-256	conv3-256 conv3-256 conv3-256 conv3-256
最大池化层					
conv3-512 conv3-512	conv3-512 conv3-512	conv3-512 conv3-512	conv3-512 conv3-512 conv1-512	conv3-512 conv3-512 conv3-512	conv3-512 conv3-512 conv3-512 conv3-512
最大池化层					
conv3-512 conv3-512	conv3-512 conv3-512	conv3-512 conv3-512	conv3-512 conv3-512 conv1-512	conv3-512 conv3-512 conv3-512	conv3-512 conv3-512 conv3-512 conv3-512
最大池化层					
全连接层-4096（FC-4096）					
全连接层-4096（FC-4096）					
全连接层-1000（FC-1000）					
激活函数（Softmax）					

图 3-3　VGGNet 的网络结构

在训练的过程中，VGGNet 比 AlexNet 的收敛速度更快，原因有以下两点。

（1）使用小卷积核和更深的网络进行正则化。

（2）在特定的层使用预训练得到的数据初始化参数。

VGGNet 仅使用大小为 3×3 的卷积核，与 AlexNet 的第一层就使用 11×11 的卷积核完全不同。两个 3×3 的卷积核的组合具有 5×5 的有效感受野（感受野即卷积神经网络特征能“看到”的输入图像的区域），换句话说，特征输出受感受野区域内的像素点的影响。实际有效的感受野和理论上的感受野差距比较大，实际有效的感受野是一个高斯分布。这不仅可以模拟更大的卷积，而且能够保持较小卷积的尺寸优势，减少参数的数量。随着层数的增加，虽然数据的空间减小（池化的结果），但每个池化层之后的输出通道数量翻倍。

4. GoogLeNet

GoogLeNet 是 2014 年由克里斯蒂安 • 塞盖迪（Christian Szegedy）提出的一种全新的深度学习网络结构，在这之前的 AlexNet、VGGNet 等结构都是通过增加网络的深度（层数）来获得更好的训练效果的。但层数的增加会带来很多副作用，如过拟合、梯度消失、梯度爆炸等。网络宽度（Inception）则从另一个角度来优化训练结果，能更高效地利用计算资源，在相同的计算量下能提取到更多的特征。GoogLeNet 的 Inception 结构如图 3-4 所示。

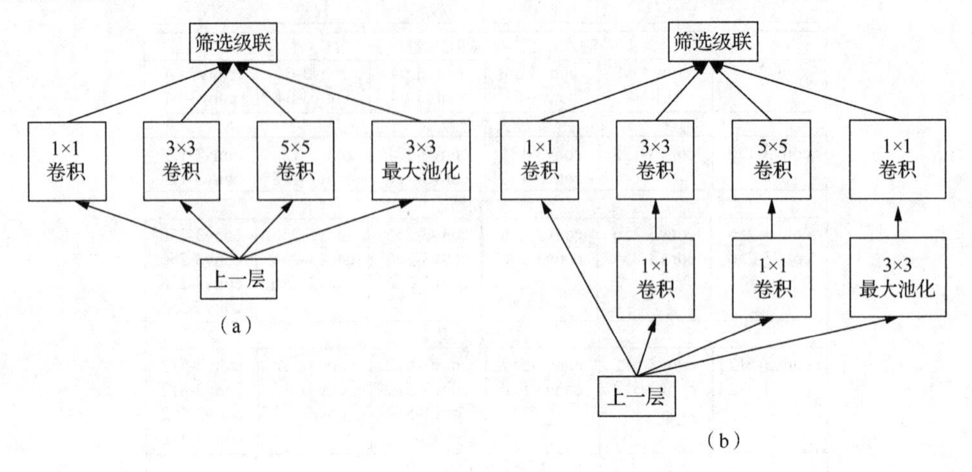

图 3-4　GoogLeNet 的 Inception 结构

图 3-4 中，(a) 是最初版本的 Inception 模块，(b) 是能降维的 Inception 模块。该结构将某一个网络层同时用多个不同大小的卷积核进行卷积，然后连接在一起。这种结构可以自动找到不同大小卷积核的最优搭配效果。

5. ResNet

随着层数的增加，卷积神经网络的效果甚至会不增反降。ResNet 于 2015 年由微软亚洲研究院的学者们提出，主要是为了解决这个问题，帮助训练更深的网络。ResNet 引入了一个残差块（Residual Block）的结构，如图 3-5 所示。

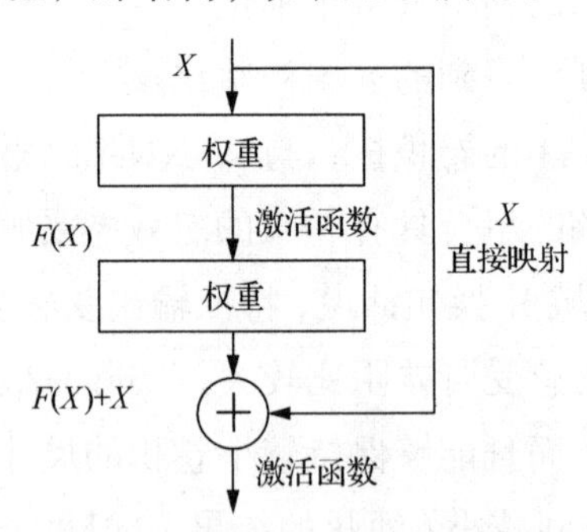

图 3-5　ResNet 中的残差块结构

ResNet 的网络可以达到 152 层，具有“超深”的网络结构。在前两层之后，空间就从 224×224 的输入体积被压缩到 56×56。ResNet 模型是目前拥有最佳分类性能的卷积神经网络架构，是残差学习理念的重大创新。

3.1.2　卷积神经网络中的常用网络层

本节主要介绍卷积神经网络的核心网络层和相应的 PyTorch 实现，这些核心网络层包括卷积层、池化层、全连接层、归一化层和丢弃层。下面将从原理、PyTorch 语法格式、参数及构建方法等方面做详细介绍。

1. 卷积层

卷积神经网络的卷积层由若干卷积单元组成，反向传播算法会对每个卷积单元的参数做优化处理。卷积运算的目的是提取输入的不同特征，第一层卷积层只能提取一些简单的特征，如边缘、线条和角等，后续更深层的卷积层能从简单特征中迭代提取更为复杂的特征。下面首先介绍卷积层的局部连接和权值共享两个基本特性，然后介绍卷积的实现过程以及 PyTorch 框架中常用卷积类型。

（1）局部连接。

局部连接指的是卷积层的节点仅和前一层的部分节点相连接，只用于学习局部特征。局部连接的理念来源于动物视觉的皮层结构，也就是动物视觉的神经元在感知外界物体的过程中起作用的只有一部分。在计算机视觉中，图像中的某一块区域像素之间的相关性与像素之间的距离相关，距离较近的像素间相关性强，距离较远的则相关性较弱。因此，采用部分神经元接收图像信息，然后通过综合全部的图像信息达到增强图像信息的目的。

局部连接如图 3-6 所示，第 n+1 层的每个节点只与第 n 层中的 3 个节点相连接，而不是与第 n 层的 5 个神经元节点都相连，原本需要 15（5×3=15）个权值参数，现在只需要 9（3×3=9）个权值参数，减少了 40%的参数量。这种局部连接的方式减少了参数量，加快了学习速率，同时也在一定程度上减少了过拟合的可能。

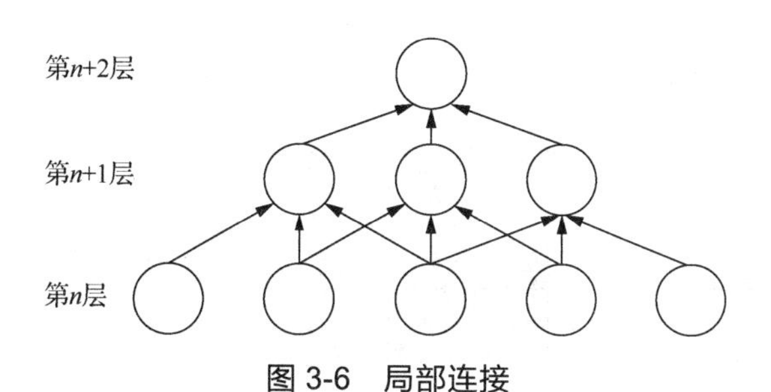

图 3-6　局部连接

（2）权值共享。

卷积层的另一特性是权值共享。比如一个 3×3 的卷积核，共有 9 个参数，该卷积核会和输入图像的不同区域做卷积，用于检测相同的特征。不同的卷积核对应不同的权值参数，用于检测不同的特征。权值共享如图 3-7 所示，一共只有 3 组不同的权值（$\boldsymbol{W}_1$、$\boldsymbol{W}_2$、$\boldsymbol{W}_3$）。如果只使用局部连接，共需要 3×4=12 个权值，在局部连接的基础上再引入权值共享，便仅仅需要 3 个权值，能够进一步地减少参数量。

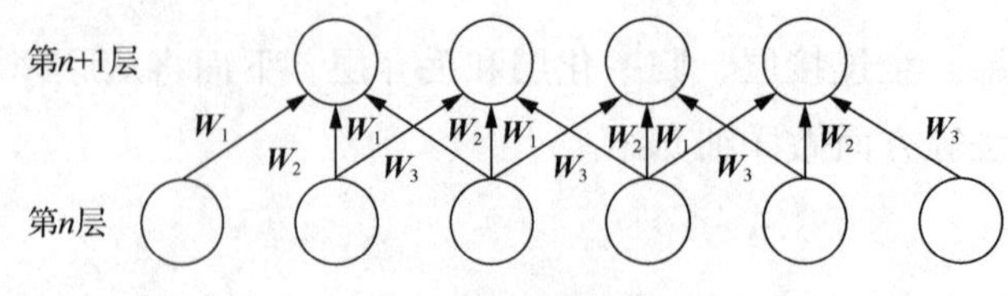

图 3-7　权值共享

（3）卷积的实现过程。

在局部感知和权值共享的基础上，网络中的每一层的计算操作是输入层和权重的卷积，卷积神经网络的名字因此而来。

设定一个大小为 5×5 的图像和一个 3×3 的卷积核。此处的卷积核共有 9 个参数，记为 $\Theta=\left[\theta_{ij}\right]_{3\times3}$，其中 Θ 表示卷积核，θ 表示卷积核中的参数。这种情况下，卷积核实际上有 9 个神经元，它们的输出又组成一个 3×3 的矩阵，称为特征图（Feature Map）。卷积过程如图 3-8 所示，第一个神经元连接到图像的第一个 3×3 的局部，第二个神经元则滑动连接到第二个 3×3 的局部，总共需要滑动 8 次。

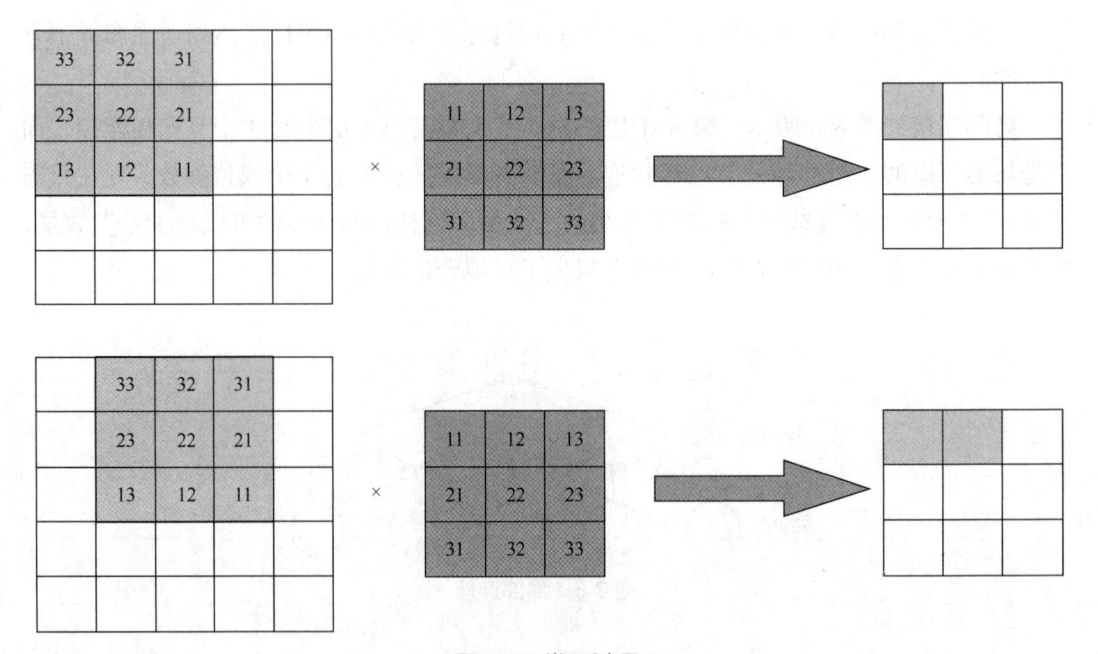

图 3-8　卷积过程

PyTorch 框架中常用于构建卷积层的类如下。

① Conv2d。

Conv2d（二维卷积）是图像处理的常用操作，可以提取图像的边缘特征、去除噪声等。离散 Conv2d 的公式如式（3-1）所示。

$$S(i,j)=(\boldsymbol{I}\bullet\boldsymbol{W})(i,j)=\sum_{m}\sum_{n}\boldsymbol{I}(i+m,j+n)\boldsymbol{W}(m,n) \tag{3-1}$$

其中，$\boldsymbol{I}$ 为二维输入图像，$\boldsymbol{W}$ 为卷积核，$S(i,j)$ 为得到的卷积结果在坐标 (i,j) 处的数值。遍历 m 和 n 时，$(i+m,j+n)$ 可能会超出 $\boldsymbol{I}$ 的边界，所以要对 $\boldsymbol{I}$ 进行边界延拓，或者限制 i 和 j 的范围。

Conv2d 的计算过程如图 3-9 所示。

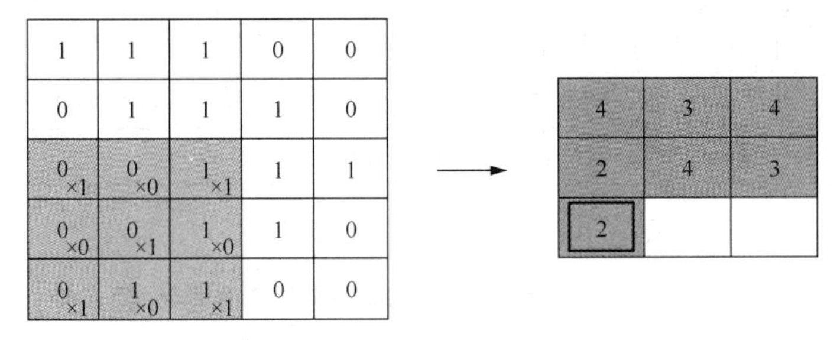

图 3-9 Conv2d 的计算过程

图 3-9 中，原始图像大小为 5×5，卷积核是一个大小为 3×3 的矩阵 $\begin{bmatrix}1 & 0 & 1\\0 & 1 & 0\\1 & 0 & 1\end{bmatrix}$，所得到的卷积结果的大小为 3×3。卷积核从左到右、从上到下依次对图像中相应的 3×3 的区域做内积，每次滑动一个像素。例如，卷积结果中的左下角框标记的“2”，是通过原始图像中的 3×3 区域的像素值和卷积核做内积得到的，计算过程如下。

$$
\begin{aligned}
&0\times1+0\times0+1\times1+\\
&0\times0+0\times1+1\times0+\\
&0\times1+1\times0+1\times1=2
\end{aligned}
$$

Conv2d 类的语法格式如下。

```
torch.nn.Conv2d(in_channels, out_channels, kernel_size, stride=1, padding=0,
dilation=1, groups=1, bias=True, padding_mode='zeros')
```

Conv2d 类创建一个卷积核，该卷积核对输入进行卷积，以生成输出张量。如果参数 bias 的值为 True，则会创建一个偏置向量并将其添加到输出中。

Conv2d 类的常用参数及其说明如表 3-1 所示。

表 3-1 Conv2d 类的常用参数及其说明

参数名称	说明
in_channels	接收 int，表示输入通道数，无默认值
out_channels	接收 int，表示输出通道数，无默认值
kernel_size	接收 int 或 tuple，表示卷积核的大小，无默认值
stride	接收 int 或 tuple，表示卷积操作的步长，默认为 1
padding	接收 int 或 tuple，表示在输入数据中填充的层数，默认为 0

续表

参数名称	说明
dilation	接收 int 或 tuple，表示卷积核内部各点间距，默认为 1
groups	接收 int，表示控制输入和输出的连接；group=1，输出是所有输入的卷积；group=2，此时相当于有并排的两个卷积层，每个卷积层计算输入通道的一半，并且产生的输出是输出通道的一半，随后将这两个输出连接起来，默认为 1
bias	接收 bool，为 True 表示对输出添加可学习的偏置量，默认为 True
padding_mode	接收 str，表示填充模式，默认为 zeros

使用 Conv2d 类构建二维卷积层，如代码 3-1 所示。

代码 3-1 使用 Conv2d 类构建二维卷积层

```
import torch
from torch import nn

layer = nn.Conv2d(1, 3, kernel_size=3, stride=1, padding=0)
x = torch.rand(1, 1, 28, 28)
out = layer.forward(x)
print(out.shape)
layer = nn.Conv2d(1, 3, kernel_size=3, stride=1, padding=1)
print(layer.forward(x).shape)
layer = nn.Conv2d(1, 3, kernel_size=3, stride=2, padding=1)
print(layer.forward(x).shape)
out = layer(x)
print(out.shape)
```

运行代码 3-1，得到的输出结果如下。

```
torch.Size([1, 3, 26, 26])
torch.Size([1, 3, 28, 28])
torch.Size([1, 3, 14, 14])
torch.Size([1, 3, 14, 14])
```

② ConvTranspose2d。

ConvTranspose2d（二维转置卷积）在卷积神经网格中常用于对特征图进行上采样。ConvTranspose2d 对普通卷积操作中的卷积核做转置处理，将普通卷积的输出作为 ConvTranspose2d 的输入，而 ConvTranspose2d 的输出即普通卷积的输入。ConvTranspose2d 形式上和卷积层的反向梯度计算相同。

普通卷积的计算过程如图 3-10 所示。

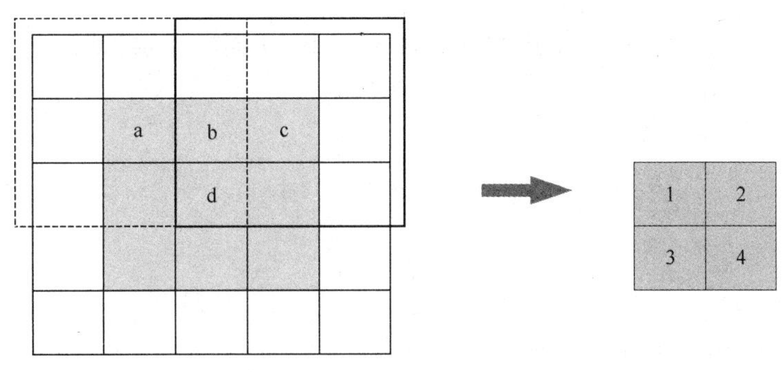

图 3-10　普通卷积的计算过程

图 3-10 是一个卷积核大小为 3×3、步长为 2、填充值（Padding）为 1 的普通卷积。卷积核在虚线框位置时输出元素 1，在实线框位置时输出元素 2。输入元素 a 仅和输出元素 1 有运算关系，而输入元素 b 和输出元素 1、2 均有关系。同理 c 只和一个元素 2 有关，而 d 和 1、2、3、4 这 4 个元素都有关。在进行转置卷积时，依然应该保持这个连接关系不变。

ConvTranspose2d 的计算过程如图 3-11 所示。需要将图 3-10 中右边的特征图作为输入，左边中间的特征图作为输出，并且保证连接关系不变。即 a 只和 1 有关，b 和 1、2 两个元素有关，其他依次类推。先用数值 0 给左边的特征图做插值，使相邻两个元素的间隔（即插值的个数）为卷积的步长值，同时边缘也需要进行与插值数量相等的补零。这时卷积核的滑动步长就不再是 2，而是 1，步长值体现在插值补零的过程中。

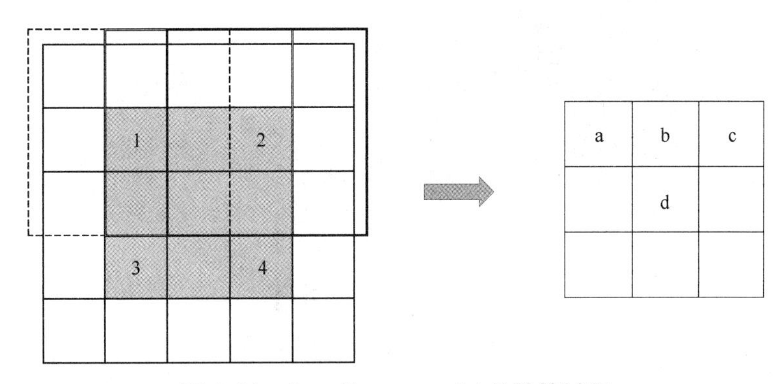

图 3-11　ConvTranspose2d 的计算过程

ConvTranspose2d 类的语法格式如下。

```
torch.nn.ConvTranspose2d(in_channels, out_channels, kernel_size, stride=1,
padding=0, output_padding=0, groups=1, bias=True, dilation=1, padding_mode=
'zeros')
```

ConvTranspose2d 类的常用参数及其说明与 Conv2d 类一致。增加的参数 output_padding 接收 int 或 tuple，表示对输出的每一条边补 0 的层数。

使用 ConvTranspose2d 类构建卷积层如代码 3-2 所示。

代码 3-2 使用 ConvTranspose2d 类构建卷积层

```
x = torch.randn(1, 1, 2, 2)
print(x.shape)
l = nn.ConvTranspose2d(1, 1, 3)
y = l(x)
print(y.shape)
```

代码 3-2 的输出结果如下。

```
torch.Size([1, 1, 2, 2])
torch.Size([1, 1, 4, 4])
```

③ Conv3d。

Conv3d（三维卷积）的计算过程如图 3-12 所示。注意，这里只有一个输入通道、一个输出通道、一个三维的卷积算子（3×3×3）。如果有 64 个输入通道（每个输入通道是一个三维的数据），需要得到 32 个输出通道（每个输出通道也是一个三维的数据），则需要有 32 个卷积核，每个卷积核有 64 个 3×3×3 的卷积算子。Conv3d 中可训练的参数的数量通常远远多于普通的 Conv2d。

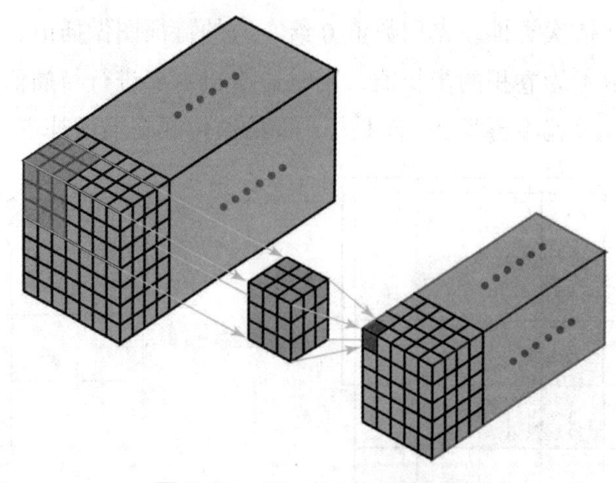

图 3-12 Conv3d 的计算过程

Conv3d 类的语法格式如下。

```
torch.nn.Conv3d(in_channels, out_channels, kernel_size, stride=1, padding=0,
dilation=1, groups=1, bias=True)
```

Conv3d 类的常用参数及其说明与 Conv2d 类一致。

使用 Conv3d 类构建卷积层如代码 3-3 所示。

代码 3-3 使用 Conv3d 类构建卷积层

```
from torch import autograd
```

```
m = nn.Conv3d(3, 3, (3, 7, 7), stride=1, padding=0)
input = torch.autograd.Variable(torch.randn(1, 3, 7, 60, 40))
output = m(input)
print(output.size())
```

运行代码 3-3，得到的输出结果如下。

```
torch.Size([1, 3, 5, 54, 34])
```

2. 池化层

在卷积层中，可以通过调节步长来达到减小输出大小的目的，池化层同样基于局部相关性的思想，在局部相关的一组元素中进行采样或信息聚合，从而得到新的元素值。如最大池化层返回局部相关元素集中最大的元素值，平均池化（Average Pooling）层返回局部相关元素集中元素的平均值。

池化（Pool）即下采样（Downsampling），目的是减小特征图的大小。每个特征图都会单独进行池化操作，池化窗口规模一般为 2×2。相较于卷积层做卷积运算，池化层做的运算一般有以下 3 种。

① 最大池化：取 4 个元素的最大值，这是十分常用的池化方法。

② 平均池化：取 4 个元素的均值。

③ 高斯池化：借鉴高斯模糊的方法。

如果池化层的输入单元大小不是 2 的整数倍，一般采取边缘补零（Zero-Padding）的方式补成 2 的倍数，再池化。

PyTorch 框架中常用于构建池化层的类如下。

（1）MaxPool2d。

MaxPool2d（二维最大池化）的作用是对二维信号（图像）进行最大池化，其计算过程如图 3-13 所示。其中池化窗口大小为 2×2、步长为 2，一个大小为 4×4 的区域下采样得到一个大小为 2×2 的区域。

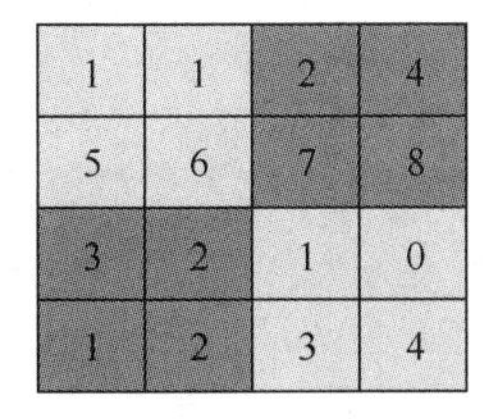

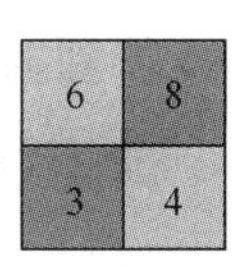

图 3-13 MaxPool2d 的计算过程

MaxPool2d 类的语法格式如下。

```
torch.nn.MaxPool2d(kernel_size, stride=None, padding=0, dilation=1,
return_indices=False, ceil_mode=False)
```

MaxPool2d 类的常用参数及其说明如表 3-2 所示。

表 3-2　MaxPool2d 类的常用参数及其说明

参数名称	说明
kernel_size	接收 int 或 tuple，表示池化核的大小，无默认值
stride	接收 int 或 tuple，表示窗口的步长，默认就等于窗口大小，默认为 kernel_size
padding	接收 int 或 tuple，表示输入的每一条边补 0 的层数，默认为 0
dilation	接收 int 或 tuple，表示一个池化窗口中元素步长的参数，默认为 1
return_indices	接收 bool，表示如果等于 True，会返回输出最大值的序号，对于上采样操作会有帮助，默认为 False
ceil_mode	接收 bool，表示如果等于 True，计算输出信号大小时，会使用向上取整，代替默认的向下取整的操作，默认为 False

使用 MaxPool2d 类构建池化层如代码 3-4 所示。

代码 3-4　使用 MaxPool2d 类构建池化层

```
m = torch.nn.MaxPool2d(3, stride=2)
input = torch.autograd.Variable(torch.randn(20, 16, 50))
print(input.shape)
output = m(input)
output.shape
torch.Size([20, 16, 50])
torch.Size([20, 7, 24])
m = torch.nn.MaxPool2d((2, 4), stride=2)
input = torch.autograd.Variable(torch.randn(20, 16, 50))
print(input.shape)
output = m(input)
output.shape
```

运行代码 3-4，得到的输出结果如下。

```
torch.Size([20, 16, 50])
torch.Size([20, 8, 24])
```

（2）AvgPool2d。

AvgPool2d 表示对二维信号（图像）进行平均池化，对输出的每一个通道的特征图的所有像素计算平均值，经过全局平均池化（Global Average Pooling，GAP）之后得到一个特征向量，该向量的维度表示类别数，然后直接输入激活函数层。全局平均池化如图 3-14 所示。

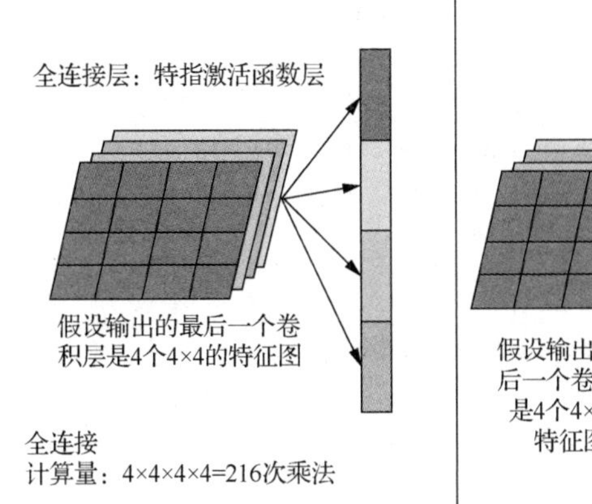

图 3-14 全局平均池化

全局平均池化层可代替全连接层，可接受任意大小的图像。全局平均池化的优点主要有如下 3 点。

① 可以更好地将类别与最后一个卷积层的特征图对应起来（每一个通道对应一种类别，这样每一张特征图都可以看成该类别对应的类别置信图）。

② 减少参数量，全局平均池化层没有参数，可防止在该层过拟合。

③ 整合全局空间信息，对于输入图像的空间翻译（Spatial Translation）更加稳健。

AvgPool2d 类的语法格式如下。

```
torch.nn.AvgPool2d(kernel_size, stride=None, padding=0, ceil_mode=False,
count_include_pad=True, divisor_override=None)
```

AvgPool2d 类的常用参数及其说明如表 3-3 所示。

表 3-3 AvgPool2d 类的常用参数及其说明

参数名称	说明
kernel_size	接收 int 或 tuple，表示池化核的大小，无默认值
stride	接收 int 或 tuple，表示窗口的步长，默认就等于窗口大小，默认为 kernel_size
padding	接收 int 或 tuple，表示输入的每一条边补 0 的层数，默认为 0
ceil_mode	接收 bool，表示如果等于 True，计算输出信号大小时，会使用向上取整，代替默认的向下取整的操作，默认为 False
count_include_pad	接收 bool，表示如果等于 True，计算平均池化时，将包括 padding 填充的 0，默认为 True
divisor_override	接收 int，表示求平均值时，可以不使用像素值的个数作为分母，而是使用除法因子，默认为 None

使用 AvgPool2d 类构建池化层如代码 3-5 所示。

代码 3-5　使用 AvgPool2d 类构建池化层

```
m = torch.nn. AvgPool2d(3, stride=2)
input = torch. autograd.Variable(torch.randn(20, 16, 50))
print(input.shape)
output = m(input)
output.shape
torch.Size([20, 16, 50])
torch.Size([20, 7, 24])
m = torch.nn.AvgPool2d((2, 4), stride=2)
input = torch.autograd.Variable(torch.randn(20, 16, 50))
# print(input.shape)
output = m(input)
output.shape
```

运行代码 3-5，得到的输出结果如下。

```
torch.Size([20, 16, 50])
torch.Size([20, 8, 24])
```

3. 全连接层

全连接层是指每个神经元与前一层所有的神经元全部连接，在整个卷积神经网络中起到“分类器”的作用，即通过卷积、激活函数、池化等提取出图像的特征后，再经过全连接层对结果进行识别分类。

例如，提取出的特征图大小是 3×3×5，然后将特征图中的所有神经元变成全连接层，实际上就是将一个三维的立方体重新排列，变成一个全连接层，里面包含 1×4096 个神经元，经过一个或多个隐藏层后输出分类结果 P，如图 3-15 所示。在这个过程中，为了防止过拟合会引入丢弃层。最近的研究也表明，在进入全连接层之前，使用全局平均池化能够有效减少过拟合。

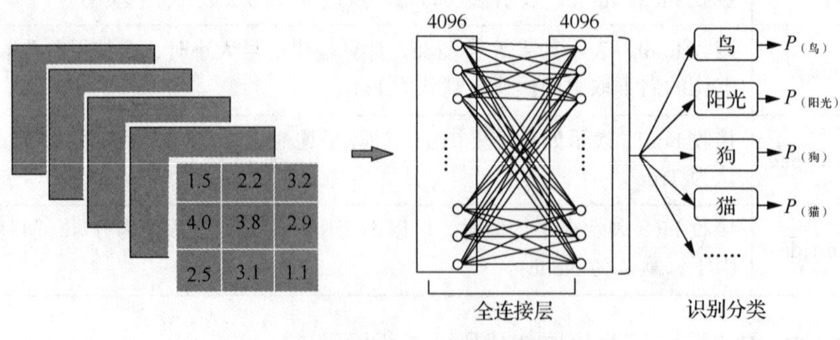

图 3-15　全连接层实例

要将 3×3×5 的输出转换成 1×4096 的形式，可以理解为用一个 3×3×5 的卷积核去卷积激活函数的输出，得到的结果就是全连接层的一个神经元的输出，这个输出就是一个值。因为有 4096 个神经元，所以就是用一个 3×3×5×4096 的卷积层去卷积激活函数的输出。全连接层的计算过程如图 3-16 所示。

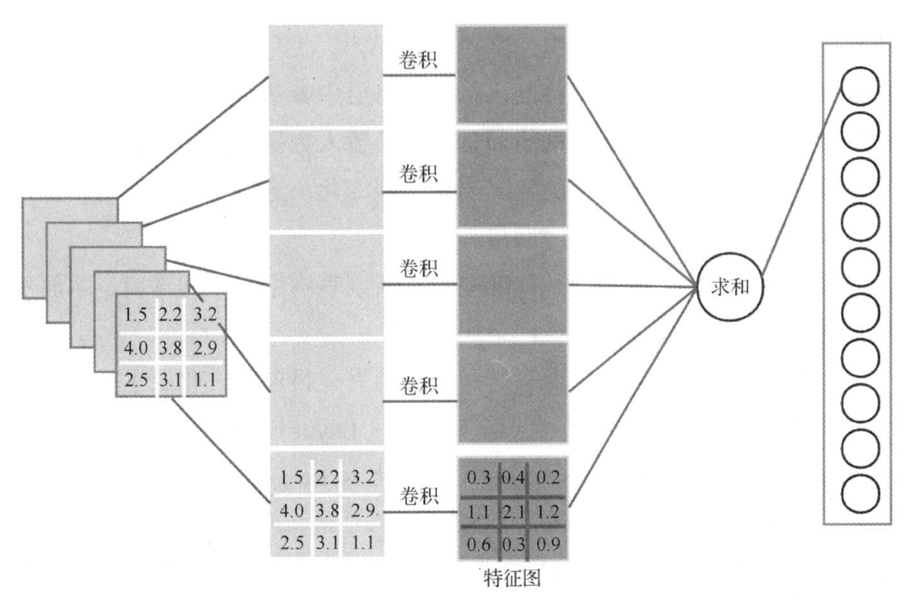

图 3-16　全连接层的计算过程

PyTorch 的 Linear 类用于设置网络中的全连接层，语法格式如下。

```
torch.nn.Linear(in_features, out_features, bias=True)
```

Linear 类的常用参数及其说明如表 3-4 所示。

表 3-4　Linear 类的常用参数及其说明

参数名称	说明
in_features	接收 int，表示上层神经元个数，无默认值
out_features	接收 int，表示本层神经元个数，无默认值
bias	接收 bool，表示偏置，形状为[out_features]。如果设置 bias = False，那么该层将不会学习一个加性偏差，默认为 True

使用 Linear 类构建全连接层如代码 3-6 所示。

代码 3-6　使用 Linear 类构建全连接层

```
connected_layer = nn.Linear(in_features=64 * 64 * 3, out_features=1)
input = torch.randn(1, 64, 64, 3)
input = input.view(1, 64 * 64 * 3)
print(input.shape)
output = connected_layer(input)
```

```
print(output.shape)
```

运行代码 3-6，得到的输出结果如下。

```
torch.Size([1, 12288])
torch.Size([1, 1])
```

4. 归一化层

对浅层网络而言，随着网络训练的进行，当每层中参数更新时，靠近输出层的输出较难出现剧烈变化。但对深度神经网络而言，即使输入数据已做标准化，训练中更新模型参数依然很容易造成靠近输出层的输出出现剧烈变化。这种计算数值的不稳定性会导致操作者难以训练出有效的深度神经网络。

归一化层利用小批量上的均值和标准差，不断调整网络的中间输出，从而使整个网络各层的输出数值更稳定，提高训练网络的有效性。

归一化层的主要作用是防止梯度爆炸和梯度消失。目前归一化层主要有 5 种：批量归一化（Batch Normalization，BN）层、层归一化（Layer Normalization，LN）层、实例归一化（Instance Normalization，IN）层、组归一化（Group Normalization，GN）层和可切换归一化（Switchable Normalization，SN）层。

深度神经网络中的数据维度一般是$[N,C,H,W]$或者$[N,H,W,C]$格式，N 是批量大小，H/W 是特征（Feature）的高/宽，C 是特征的通道（Channel）。压缩 H/W 至一个维度，其中 4 种常用的归一化层的三维表示如图 3-17 所示。

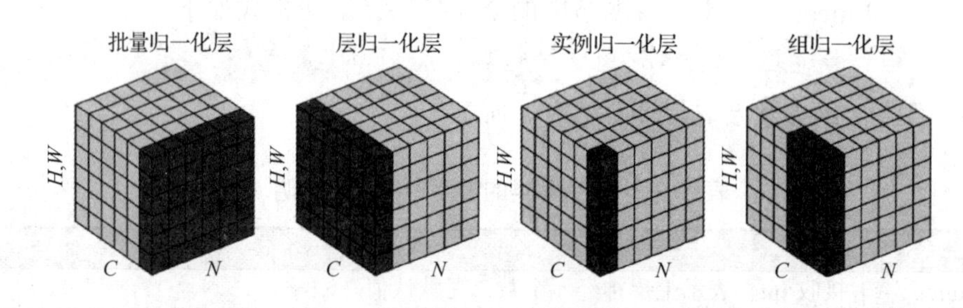

图 3-17　4 种常用的归一化层的三维表示

深度学习中常用的是批量归一化层，下面对批量归一化层进行详细介绍。

批量归一化层使用一种变换来规范某一层的数据，该变换可将该批所有样本在每个特征上的平均值保持在 0 左右，标准差保持在 1 附近，把非线性传递函数（如 Sigmoid 函数）取值可能逐渐向极限饱和区靠拢的分布，强制拉回到均值为 0、方差为 1 的标准正态分布，使得规范化后的输出落入下一层的神经元比较敏感的区域，以此避免梯度消失问题。由于梯度一直都能保持比较大的状态，因此调整神经网络的参数效率比较高，即向损失函数最优值“迈动的步子”大，可以加快收敛速度。

PyTorch 的 BatchNorm2d 类用于设置网络中的归一化层，语法格式如下。

```
torch.nn.BatchNorm2d(num_features,eps=1e-05,momentum=0.1,affine=True,
track_running_stats=True)
```

BatchNorm2d类的常用参数及其说明如表3-5所示。

表3-5 BatchNorm2d类的常用参数及其说明

参数名称	说明
num_features	接收int，表示来自期望输入的特征数（即通道数），该期望输入的大小为batch_size×num_features×height×width，无默认值
eps	接收float，表示为保证数值稳定性（分母不能趋近或取0），给分母加上的值，默认为1e-5
momentum	接收float，表示动态均值和动态方差所使用的动量，默认为0.1
affine	接收bool，表示当设为True时，给该层添加可学习的仿射变换参数，默认为True
track_running_stats	接收bool，表示设为True时，归一化层会统计全局均值和方差，默认为True

使用BatchNorm2d类构建归一化层如代码3-7所示。

代码3-7 使用BatchNorm2d类构建归一化层

```
m = nn.BatchNorm2d(2, affine=True)
print(m.weight)
print(m.bias)
input = torch.randn(1, 2, 3, 4)
print(input)
output = m(input)
print(output)
print(output.size())
```

运行代码3-7，得到的输出结果如下。

```
Parameter containing:
tensor([1., 1.], requires_grad=True)
Parameter containing:
tensor([0., 0.], requires_grad=True)
tensor([[[[ 1.1311,  0.1275,  0.4606, -1.0943],
          [ 0.1036,  0.8732, -0.5020, -2.5147],
          [ 1.2381, -1.2692,  0.6524,  0.0331]],
         [[-0.9089, -0.3203,  1.4639, -0.7977],
          [ 0.0682,  1.0441,  0.0931, -2.9043],
```

```
                [-1.0907, -0.1272, -0.8453, -0.6727]]]])
tensor([[[[ 1.1230,  0.1794,  0.4926, -0.9692],
                [ 0.1570,  0.8806, -0.4123, -2.3046],
                [ 1.2236, -1.1337,  0.6729,  0.0907]],
               [[-0.4636,  0.0905,  1.7703, -0.3589],
                [ 0.4563,  1.3751,  0.4798, -2.3423],
                [-0.6347,  0.2723, -0.4037, -0.2412]]]],
           grad_fn=<NativeBatchNormBackward>)
torch.Size([1, 2, 3, 4])
```

5. 丢弃层

因为神经元不会太依赖某些局部的特征，所以在前向传播的时候，让某个神经元的激活值以一定的概率（Rate）停止工作，这样可以使模型泛化能力更强。丢弃层的工作原理如图 3-18 所示。首先随机（临时）删掉网络中一些隐藏层的神经元，得到修改后的网络；然后对一小批输入数据前向传播，再将得到的损失通过修改后的网络反向传播，按照随机梯度下降法更新对应的参数（只更新没有被删掉的神经元的权重）；最后恢复被删掉的神经元，重复此过程。

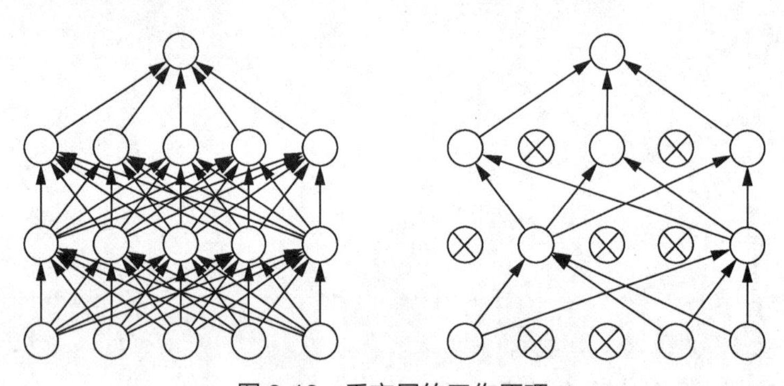

图 3-18　丢弃层的工作原理

PyTorch 的 Dropout 类用于设置网络中的丢弃层，语法格式如下。

```
torch.nn.Dropout(p=0.5, inplace=False)
```

Dropout 类的常用参数及其说明如表 3-6 所示。

表 3-6　Dropout 类的常用参数及其说明

参数名称	说明
p	接收 float，表示张量元素被置 0 的概率，默认为 0.5
inplace	接收 int，表示是否原地执行，默认为 False

使用 Dropout 类构建丢弃层如代码 3-8 所示。

代码 3-8 使用 Dropout 类构建丢弃层

```
import torch.autograd as autograd


m = nn.Dropout(p=0.5)
input = autograd.Variable(torch.randn(2, 6, 3))
print(m(input))
```

运行代码 3-8，得到的输出结果如下。

```
tensor([[[ 1.7137, -0.1935, -0.0000],
         [ 0.0000,  0.0000,  0.9220],
         [-0.3426,  0.0000, -1.6043],
         [-0.0000,  0.8021, -1.1139],
         [-0.0000,  0.0000, -2.4640],
         [ 0.0000,  2.4040, -0.4124]],
        [[-1.3407, -0.5486,  3.0116],
         [ 0.0000,  2.3570, -0.0000],
         [ 1.8702, -0.0000, -0.7392],
         [ 3.4383,  4.8498, -1.1653],
         [ 1.2497, -0.0000,  0.0000],
         [ 0.0000, -0.2111,  1.7368]]])
```

3.1.3 基于卷积神经网络的手写数字识别

3.1.2 节介绍了卷积神经网络的常用网络层，下面将使用卷积神经网络实现手写数字识别图像分类。使用的数据集为 MNIST 数据集，由杨立昆搜集。这是一个大型的手写体数字数据库，通常用于训练各种图像处理系统，也被广泛用于机器学习领域的训练和测试。MNIST 数据集共有训练数据 60000 项、测试数据 10000 项。每张图像的大小都为 28×28，且都为灰度图像，位深度为 8（灰度图像的位深度范围是 0～255）。下面介绍导入相关库、数据加载与预处理、构建网络、训练网络和性能评估等操作。

1. 导入相关库

导入一些必要的库，除常用的 torch 和 Variable 之外，还导入了 DataLoader 用于加载数据，使用 torchvision 库对图像进行预处理，如代码 3-9 所示。

代码 3-9 导入相关库

```
import torch
from torch.auto grad import Variable
```

```
import torchvision
from torch.utils.data import DataLoader
```

2. 数据加载与预处理

导入相关库之后，继续准备将要使用的数据。

首先，定义超参数，如代码 3-10 所示。n_epochs 定义了整个训练数据集的循环次数，learning_rate 和 momentum 是后续使用的优化器的超参数，random_seed 是为可重复的实验设置的随机种子。

代码 3-10　定义超参数

```
n_epochs = 3
batch_size_train = 64
batch_size_test = 1000
learning_rate = 0.01
momentum = 0.5
log_interval = 10
random_seed = 1
torch.manual_seed(random_seed)
```

其次，加载 MNIST 数据集，如代码 3-11 所示。Normalize 函数对数据进行标准化，使用的值为 0.1307 和 0.3081，是 MNIST 数据集的全局平均值和标准差。

代码 3-11　加载 MNIST 数据集

```
train_loader = torch.utils.data.DataLoader(
    torchvision.datasets.MNIST('../data/', train=True, download=True,
                               transform=torchvision.transforms.Compose([
                                   torchvision.transforms.ToTensor(),
                                   torchvision.transforms.Normalize(
                                       (0.1307,), (0.3081,)) ])),
    batch_size=batch_size_train, shuffle=True)
test_loader = torch.utils.data.DataLoader(
    torchvision.datasets.MNIST('../data/', train=False, download=True,
                               transform=torchvision.transforms.Compose([
                                   torchvision.transforms.ToTensor(),
                                   torchvision.transforms.Normalize(
                                       (0.1307,), (0.3081,)) ])),
    batch_size=batch_size_test, shuffle=True)
```

运行代码 3-11 后，数据集将被下载到目录下的 data 文件夹，如图 3-19 所示。

```
Extracting ./data/MNIST\raw\t10k-labels-idx1-ubyte.gz to ./data/MNIST\raw
Processing...
Done!
```

图 3-19 下载数据集

再次以 test_loader 为例，观察数据集的基本概貌，如代码 3-12 所示，其中，example_targets 是图像实际对应的数字标签。

代码 3-12 观察数据集的基本概貌

```
examples = enumerate(test_loader)
batch_idx, (example_data, example_targets) = next(examples)
print(example_targets)
print(example_data.shape)
```

运行代码 3-12 得到的结果如下。

```
tensor([4, 4, 2, 1, 8, 8, 2, 8, 3, 8, 5, 5, 5, 3, 0, 3, 6, 3, 0, 7, 0, 7, 2,
3, 3, 4, 8, 2, 6, 1, 1, 2, 9, 5, 8, 2, 0, 3, 2, 3, 9, 9, 9, 3, 7, 9, 5, 7,
2, 1, 6, 7, 2, 9, 3, 1, 3, 2, 0, 4, 8, 7, 5, 2, 4, 6, 5, 3, 9, 8, 9, 6, 2,
8, 3, 9, 5, 9, 5, 0, 0, 4, 0, 2, 3, 0, 2, 8, 5, 8, 2, 2, 1, 3, 1, 5, 1, 7,
2, 8, 8, 4, 2, 2, 9, 3, 1, 1, 4, 7, 2, 8, 7, 6, 2, 7, 6, 3, 6, 1, 9, 0, 9,
7, 7, 9, 4, 0, 9, 4, 0, 2, 0, 7, 5, 9, 0, 4, 6, 7, 9, 4, 2, 4, 0, 1, 2, 1,
4, 9, 3, 5, 3, 7, 8, 8, 3, 8, 5, 9, 1, 8, 3, 6, 8, 3, 3, 8, 1, 6, 7, 4, 3,
3, 5, 6, 9, 6, 0, 2, 5, 1, 8, 0, 1, 4, 1, 1, 1, 7, 2, 7, 1, 1, 0, 4, 7, 2,
4, 6, 1, 4, 3, 6, 2, 7, 5, 4, 1, 3, 3, 3, 4, 7, 8, 0, 4, 3, 5, 8, 9, 4, 1,
9, 4, 7, 7, 1, 9, 6, 0, 4, 2, 9, 2, 1, 3, 6, 6, 0, 2, 2, 0, 0, 2, 5, 8, 9,
7, 0, 0, 9, 2, 0, 9, 2, 6, 9, 9, 5, 4, 3, 2, 9, 9, 4, 3, 5, 1, 3, 8, 5, 8,
4, 9, 5, 1, 4, 4, 6, 0, 7, 6, 8, 8, 8, 0, 9, 8, 4, 5, 9, 4, 6, 3, 9, 9, 4,
5, 6, 1, 1, 8, 6, 9, 7, 1, 3, 6, 0, 1, 9, 0, 6, 1, 6, 2, 8, 3, 1, 9, 0, 3,
0, 8, 1, 0, 0, 6, 3, 7, 3, 1, 0, 5, 0, 7, 1, 5, 5, 5, 2, 5, 1, 4, 3, 4, 8,
5, 8, 4, 6, 3, 2, 3, 9, 7, 0, 9, 0, 6, 1, 8, 4, 8, 8, 8, 1, 3, 5, 7, 1, 3,
1, 6, 0, 8, 7, 7, 3, 4, 2, 9, 6, 8, 1, 2, 4, 4, 7, 2, 6, 1, 5, 4, 8, 8, 1,
7, 2, 7, 7, 5, 7, 3, 0, 9, 2, 3, 7, 4, 6, 6, 5, 3, 1, 7, 3, 7, 3, 3, 9, 0,
7, 3, 4, 3, 6, 5, 8, 0, 7, 9, 6, 9, 9, 3, 4, 5, 8, 2, 6, 2, 1, 3, 1, 1, 3,
9, 2, 6, 4, 0, 7, 4, 8, 1, 5, 8, 2, 1, 7, 2, 7, 7, 8, 9, 5, 6, 5, 9, 3, 5,
4, 7, 6, 6, 6, 2, 0, 3, 3, 7, 0, 5, 7, 5, 2, 7, 1, 7, 2, 7, 2, 5, 9, 1, 0,
3, 5, 2, 5, 8, 1, 6, 9, 1, 7, 1, 1, 0, 5, 8, 9, 6, 3, 3, 4, 5, 7, 3, 0, 1,
```

```
6, 5, 8, 8, 1, 3, 3, 4, 7, 0, 0, 3, 4, 3, 4, 1, 1, 2, 5, 3, 1, 5, 2, 5, 8,
0, 2, 8, 8, 7, 3, 7, 4, 3, 1, 8, 0, 4, 9, 9, 1, 0, 6, 5, 8, 7, 0, 2, 1, 2,
4, 2, 3, 9, 1, 0, 6, 6, 6, 6, 4, 2, 5, 2, 0, 4, 8, 4, 2, 0, 0, 7, 0, 4, 2,
7, 5, 7, 8, 2, 1, 6, 6, 7, 9, 2, 9, 9, 9, 0, 9, 0, 6, 9, 8, 1, 3, 1, 4, 8,
8, 7, 1, 0, 8, 2, 0, 7, 9, 4, 4, 5, 7, 6, 8, 8, 9, 3, 4, 9, 7, 8, 9, 7, 7,
1, 1, 2, 0, 7, 8, 5, 7, 3, 4, 7, 7, 1, 7, 6, 4, 5, 3, 6, 3, 0, 8, 2, 2, 1,
7, 7, 2, 1, 7, 5, 4, 2, 4, 2, 1, 2, 7, 9, 5, 7, 3, 7, 1, 9, 0, 0, 5, 6, 1,
9, 4, 2, 6, 7, 3, 5, 5, 0, 1, 2, 7, 1, 4, 5, 7, 1, 5, 4, 5, 7, 4, 7, 7, 1,
0, 9, 1, 6, 7, 5, 3, 0, 3, 3, 8, 2, 2, 7, 2, 9, 3, 0, 2, 2, 6, 0, 2, 4, 2,
0, 1, 2, 7, 6, 7, 1, 7, 9, 6, 4, 5, 1, 6, 8, 4, 0, 5, 2, 7, 5, 4, 3, 3, 4,
6, 8, 5, 7, 6, 7, 0, 4, 2, 3, 5, 7, 6, 6, 8, 2, 1, 3, 4, 8, 5, 9, 2, 8, 9,
4, 5, 9, 7, 0, 7, 2, 3, 0, 4, 6, 6, 6, 2, 9, 7, 4, 2, 7, 4, 9, 7, 7, 5, 0,
1, 2, 8, 2, 2, 3, 1, 7, 9, 6, 9, 5, 2, 0, 1, 8, 9, 1, 5, 6, 9, 9, 1, 0, 4,
5, 0, 9, 8, 9, 4, 7, 8, 2, 2, 6, 6, 7, 2, 6, 3, 7, 1, 0, 1, 2, 2, 9, 0, 2,
7, 6, 2, 3, 1, 7, 7, 1, 9, 0, 9, 7, 1, 4, 4, 5, 8, 2, 8, 1, 4, 6, 4, 3, 9,
9, 2, 8, 2, 3, 6, 6, 5, 1, 1, 2, 7, 4, 9, 5, 7, 7, 8, 1, 6, 2, 9, 0, 4, 1,
0, 6, 1, 1, 1, 1, 2, 9, 9, 5, 3, 1, 2, 1, 8, 3, 4, 5, 1, 9, 3, 6, 1, 6, 1,
9, 9, 8, 9, 9, 1, 6, 1, 4, 7, 5, 1, 8, 5, 6, 7, 5, 9, 0, 3, 2, 0, 2, 4, 6,
5, 3, 1, 6, 5, 4, 5, 0, 8, 3, 1, 9, 8, 7, 7, 3, 6, 5, 4, 9, 5, 3, 9, 1, 4,
9, 7])
torch.Size([1000, 1, 28, 28])
```

一批测试数据就是一个形状张量，[1000,1,28,28]表示有 1000 张大小为 28×28 的灰度图像（即没有 RGB 通道）。

最后，使用 Matplotlib 绘制其中的 6 张数字图像，如代码 3-13 所示。

代码 3-13　使用 Matplotlib 绘制数字图像

```
import matplotlib.pyplot as plt
import numpy as np


plt.rcParams['font.family']='SimHei'
fig = plt.figure()
for i in range(6):
    plt.subplot(2, 3, i + 1)
    plt.tight_layout()
    plt.imshow(example_data[i][0], cmap='gray', interpolation='none')
```

```
    plt.title('目标数据标签: {}'.format(example_targets[i]))
    plt.xticks([])
    plt.yticks([])
plt.show()
```

运行代码 3-13，绘制的 6 张数字图像如图 3-20 所示。

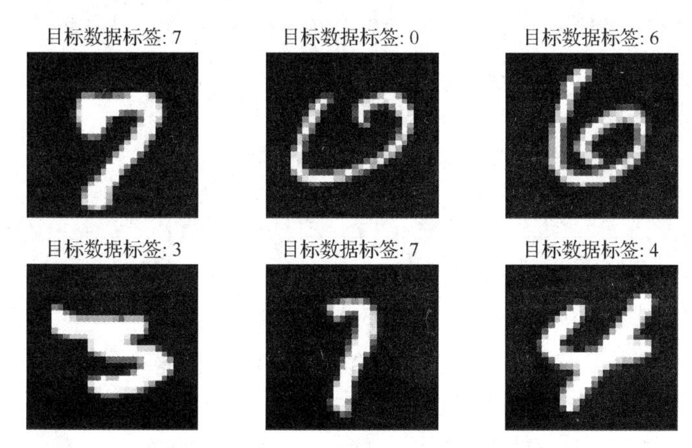

图 3-20　绘制的 6 张数字图像

3. 构建网络

构建卷积神经网络时，使用两个卷积层（Conv2d）和两个全连接层（Linear），选择 ReLU 函数作为激活函数且使用两个丢弃层。

首先，导入相关库，如代码 3-14 所示。

代码 3-14　导入相关库

```
import torch.nn as nn
import torch.nn.functional as F
import torch.optim as optim
```

然后，为构建的网络创建一个新类 Net，如代码 3-15 所示。forward 函数定义使用给定的层和函数计算输出。

代码 3-15　创建一个新类 Net

```
class Net(nn.Module):

    def __init__(self):
        super(Net, self).__init__()
        self.conv1 = nn.Conv2d(1, 10, kernel_size=5)
        self.conv2 = nn.Conv2d(10, 20, kernel_size=5)
        self.conv2_drop = nn.Dropout2d()
```

```
        self.fc1 = nn.Linear(320, 50)
        self.fc2 = nn.Linear(50, 10)

    def forward(self, x):
        x = F.relu(F.max_pool2d(self.conv1(x), 2))
        x = F.relu(F.max_pool2d(self.conv2_drop(self.conv2(x)), 2))
        x = x.view(-1, 320)
        x = F.relu(self.fc1(x))
        x = F.dropout(x, training=self.training)
        x = self.fc2(x)
        return F.log_softmax(x)
```

最后，初始化网络和优化器，如代码 3-16 所示。

代码 3-16 初始化网络和优化器

```
network = Net()
optimizer=optim.SGD(network.parameters(),lr=learning_rate, momentum=momentum)
```

4. 训练网络

在训练网络的过程中，分别定义训练函数和测试函数。通过训练函数，观察使用随机初始化的网络参数获得的精度和损失率。在测试函数中跟踪正确分类的数字来计算网络的精度。在每一个 epoch 中对所有训练数据进行一次迭代，将在循环遍历 n_epochs 之前手动添加测试函数，以便运用随机初始化的参数来评估模型。

首先，设置参数 train_losses、train_counter、test_losses 和 test_counter 并初始化，如代码 3-17 所示。

代码 3-17 设置参数并初始化

```
train_losses = []
train_counter = []
test_losses = []
test_counter = [i * len(train_loader.dataset) for i in range(0, n_epochs + 1)]
```

其次，进行一次测试循环，如代码 3-18 所示。先自定义训练函数 train，调用 optimizer.zero_grad()方法，手动将梯度设置为零，生成输出并计算其与真值标签的负对数概率损失。然后使用 optimizer.step()方法收集一组新的梯度并传回每个网络参数，使用 state_dict()方法保存神经网络模块以及优化器的内部状态。通过一次测试，观察使用随机初始化的网络参数获得的精度和损失率。

代码 3-18 进行一次测试循环

```
def train(epoch):
```

```
    network.train()
    for batch_idx, (data, target) in enumerate(train_loader):
        optimizer.zero_grad()
        output = network(data)
        loss = F.nll_loss(output, target)
        loss.backward()
        optimizer.step()
        if batch_idx % log_interval == 0:
            print('Train Epoch: {} [{}/{} ({:.0f}%)]\tLoss: {:.6f}'.format(
                epoch, batch_idx * len(data), len(train_loader.dataset),
                100. * batch_idx / len(train_loader), loss.item()))
            train_losses.append(loss.item())
            train_counter.append(
                (batch_idx * 64) + ((epoch-1) * len(train_loader.dataset)))
            torch.save(network.state_dict(), '../tmp/model.pth')
            torch.save(optimizer.state_dict(), '../tmp/optimizer.pth')
train(1)
```

运行代码 3-18，得到前 26%的训练过程的结果如下。

```
Train Epoch: 1 [0/60000 (0%)] Loss: 2.368649
Train Epoch: 1 [640/60000 (1%)]   Loss: 2.298366
Train Epoch: 1 [1280/60000 (2%)]  Loss: 2.294433
Train Epoch: 1 [1920/60000 (3%)]  Loss: 2.260970
Train Epoch: 1 [2560/60000 (4%)]  Loss: 2.295450
Train Epoch: 1 [3200/60000 (5%)]  Loss: 2.239506
Train Epoch: 1 [3840/60000 (6%)]  Loss: 2.274136
Train Epoch: 1 [4480/60000 (7%)]  Loss: 2.225712
Train Epoch: 1 [5120/60000 (9%)]  Loss: 2.168034
Train Epoch: 1 [5760/60000 (10%)] Loss: 2.138115
Train Epoch: 1 [6400/60000 (11%)] Loss: 2.061357
Train Epoch: 1 [7040/60000 (12%)] Loss: 1.944244
Train Epoch: 1 [7680/60000 (13%)] Loss: 1.948890
Train Epoch: 1 [8320/60000 (14%)] Loss: 1.753099
Train Epoch: 1 [8960/60000 (15%)] Loss: 1.642159
Train Epoch: 1 [9600/60000 (16%)] Loss: 1.586528
```

```
Train Epoch: 1 [10240/60000 (17%)]    Loss: 1.414371
Train Epoch: 1 [10880/60000 (18%)]    Loss: 1.317833
Train Epoch: 1 [11520/60000 (19%)]    Loss: 1.251874
Train Epoch: 1 [12160/60000 (20%)]    Loss: 1.348997
Train Epoch: 1 [12800/60000 (21%)]    Loss: 1.069997
Train Epoch: 1 [13440/60000 (22%)]    Loss: 1.088783
Train Epoch: 1 [14080/60000 (23%)]    Loss: 0.979648
Train Epoch: 1 [14720/60000 (25%)]    Loss: 1.033449
Train Epoch: 1 [15360/60000 (26%)]    Loss: 0.894943
```

接下来，进入测试循环，总结总体的测试损失，并跟踪正确分类的数字来计算网络的精度，如代码 3-19 所示。先定义测试方法 test()。在训练网络的过程中，使用上下文管理器方法 no_grad()，避免将网络输出的计算结果存储在计算图中。然后调用测试方法 test()进行测试。

代码 3-19　进入测试循环

```
def test():
    network.eval()
    test_loss = 0
    correct = 0
    with torch.no_grad():
        for data, target in test_loader:
            output = network(data)
            test_loss += F.nll_loss(output, target, size_average=False).item()
            pred = output.data.max(1, keepdim=True)[1]
            correct += pred.eq(target.data.view_as(pred)).sum()
    test_loss /= len(test_loader.dataset)
    test_losses.append(test_loss)
    print('\nTest set: Avg. loss: {:.4f}, Accuracy: {}/{} ({:.0f}%)\n'.format(
        test_loss, correct, len(test_loader.dataset),
        100. * correct / len(test_loader.dataset)))

test()
```

运行代码 3-19，得到的结果如下。

```
Test set: Avg. loss: 0.1968, Accuracy: 9416/10000 (94%)
```

最后，循环 n_epochs 次训练进行模型评估，每训练完一个周期调用一次测试方法

test()，如代码 3-20 所示。需要注意的是，运行代码 3-18 时进行过一次训练，因此在运行代码 3-20 前需要运行代码 3-17 进行初始化。

代码 3-20 模型评估

```
test()  # 查看未训练前的损失
for epoch in range(1, n_epochs + 1):
    train(epoch)
    test()
```

运行代码 3-20，得到的结果如下。

```
Test set: Avg. loss: 0.1968, Accuracy: 9416/10000 (94%)


Train Epoch: 1 [0/60000 (0%)]      Loss: 0.692205
Train Epoch: 1 [640/60000 (1%)]    Loss: 0.364563
Train Epoch: 1 [1280/60000 (2%)]   Loss: 0.271161
Train Epoch: 1 [1920/60000 (3%)]   Loss: 0.647665

…

Train Epoch: 3 [57600/60000 (96%)]    Loss: 0.417875
Train Epoch: 3 [58240/60000 (97%)]    Loss: 0.148100
Train Epoch: 3 [58880/60000 (98%)]    Loss: 0.320162
Train Epoch: 3 [59520/60000 (99%)]    Loss: 0.199099


Test set: Avg. loss: 0.0892, Accuracy: 9724/10000 (97%)
```

5. 性能评估

通过前文的介绍，仅仅经过 3 个阶段的训练，测试集已经能够达到 97%的准确率。下面通过画出训练中损失的变化曲线，观察训练过程的参数变化，对模型性能进行评估，如代码 3-21 所示。

代码 3-21 性能评估

```
import matplotlib.pyplot as plt


fig = plt.figure()
plt.plot(train_counter, train_losses, color='blue')
plt.scatter(test_counter, test_losses, color='red')
plt.legend(['训练损失', '测试损失'], loc='upper right')
```

```
plt.xlabel('训练次数')
plt.ylabel('损失')
plt.show()
```

运行代码 3-21，得到的损失变化曲线如图 3-21 所示。

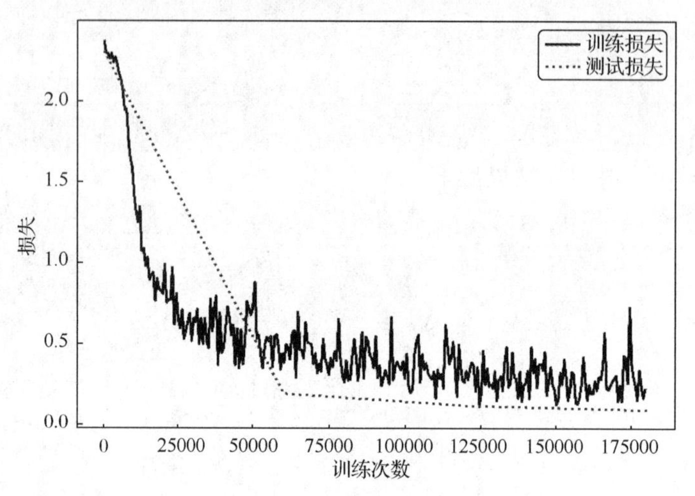

图 3-21 损失变化曲线

从损失变化曲线可以看出，损失的变化已趋于稳定。下面再绘制出原始的手写数字图像，并与模型的预测结果进行比较，如代码 3-22 所示。

代码 3-22 原始的手写数字图像与模型的预测结果的比较

```
examples = enumerate(test_loader)
batch_idx, (example_data, example_targets) = next(examples)
with torch.no_grad():
    output = network(example_data)
fig = plt.figure()
for i in range(6):
    plt.subplot(2, 3, i + 1)
    plt.tight_layout()
    plt.imshow(example_data[i][0], cmap='gray', interpolation='none')
    plt.title('预测结果: {}'.format(
        output.data.max(1, keepdim=True)[1][i].item()))
    plt.xticks([])
    plt.yticks([])
plt.show()
```

运行代码 3-22，得到的对比结果如图 3-22 所示。

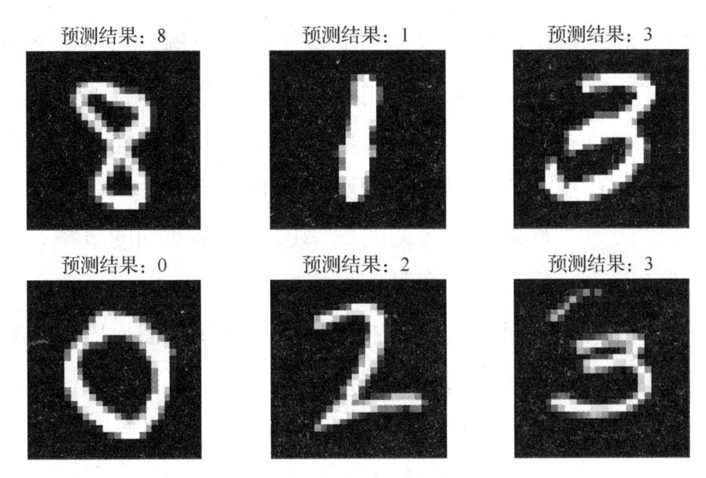

图 3-22　原始的手写数字图像与模型的预测结果的比较

3.2 循环神经网络基础

前馈神经网络只能独立处理每一个输入，且进入网络的前一个输入和后一个输入是完全没有联系的。但某些任务需要前一个输入和后一个输入有联系，因为处理的目标不再是单独的一个输入值，而是多个输入值之间有关联的序列。如当需要理解一句话时，独立理解这句话中的每个词将无法理解整句话所表达的意思，需要分析将这些词连接起来后的整个序列。同理，处理视频也不能只单独去分析每一帧，而需要分析将这些帧连接起来后的整个序列。为了处理这类序列问题，循环神经网络应运而生。

循环神经网络是一类以序列数据为输入，在序列的演进方向进行递归，且所有节点（循环单元）按链式连接的递归神经网络。对循环神经网络的研究始于 20 世纪 80～90 年代，而在 21 世纪初，循环神经网络发展为深度学习算法之一，其中，双向循环神经网络和长短时记忆（LSTM）网络是常见的循环神经网络。

3.2.1　常用的循环神经网络算法及其结构

常用的循环神经网络有经典 RNN、LSTM 网络、GRU 网络等。本节主要介绍这些常用的循环神经网络算法及其结构。

1. 经典循环神经网络

传统文本处理任务的方法中一般将 TF-IDF（Term Frequency-Inverse Document Frequency，词频-逆文档频率）向量作为特征输入，这样的表示方法实际上丢失了输入文本序列中每个单词的顺序。在神经网络的建模过程中，一般的前馈神经网络如卷积神经网络，通常接收一个定长的向量作为输入。卷积神经网络对文本数据建模时，输入变长的字符串或者单词串，然后通过滑动窗口加池化的方式将原先的输入转换成一个固定长度的向量表示，这样做可以捕捉到原文本中的一些局部特征，但是两个单词之间的长距离依赖关系还是很难被学习到。以自然语言处理中的词性标注任务为例，要将“我吃苹果”中的 3 个单词标注词性为“我”/名词、“吃”/动词、“苹果”/名词。普通的前馈神经网络会将每个单词及其词性作为独立的输入和输出。但是，实际上一个句子中的前一个单词对于当前单词的词性预测具有很大的影响，如预测“苹果”的词性时，由于前面的“吃”是一个动词，那么可以认为“苹果”是名词的概率远大于是动词的概率，这是因为动词后面接名词更为常见，而动词后面接动词很少见。

循环神经网络能很好地处理文本数据中变长并且有序的输入序列。它模拟了人阅读一篇文章的顺序，从前到后地阅读文章中的每一个单词，将前面阅读到的有用信息编码到状态变量中去，从而拥有了一定的记忆能力，可以更好地理解之后的文本。RNN 的结构如图 3-23 所示。

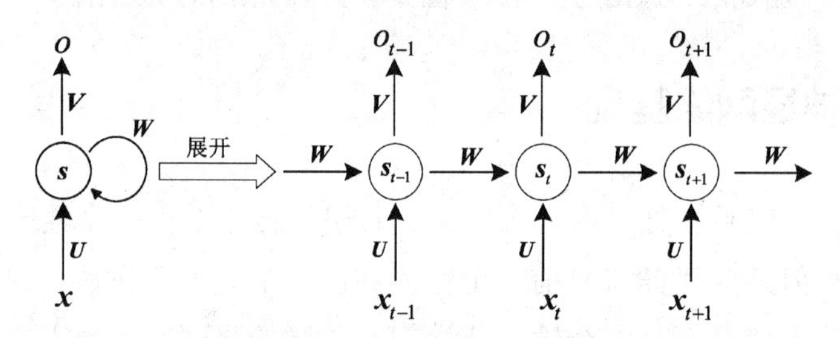

图 3-23 循环神经网络的结构

图 3-23 中右边是左边的展开形式，左边的 $\boldsymbol{x}$ 为输入层，$\boldsymbol{O}$ 为输出层，$\boldsymbol{s}$ 为隐藏层，$\boldsymbol{V}$、$\boldsymbol{W}$、$\boldsymbol{U}$ 为权重；右边的 t 指第几次的计算，计算第 t 次的隐藏层状态时有 $\boldsymbol{s}_t = f(\boldsymbol{U} \cdot \boldsymbol{x}_t + \boldsymbol{W} \cdot \boldsymbol{s}_{t-1})$。

将循环神经网络的结构进一步展开，其隐藏层结构如图 3-24 所示。其中，$\boldsymbol{X} = [\boldsymbol{x}_1, \boldsymbol{x}_2, \cdots, \boldsymbol{x}_m]^{\mathrm{T}}$ 是一个单词的输入向量（即嵌入层的输出）；$\boldsymbol{S} = [\boldsymbol{s}_1, \boldsymbol{s}_2, \cdots, \boldsymbol{s}_n]^{\mathrm{T}}$ 是隐藏层的各个神经元的输出向量；$\boldsymbol{U}$ 是输入层到隐藏层的权重矩阵，$\boldsymbol{V}$ 是隐藏层到输出层的权重矩阵，$\boldsymbol{O}$ 是输出层的各个神经元的输出向量。

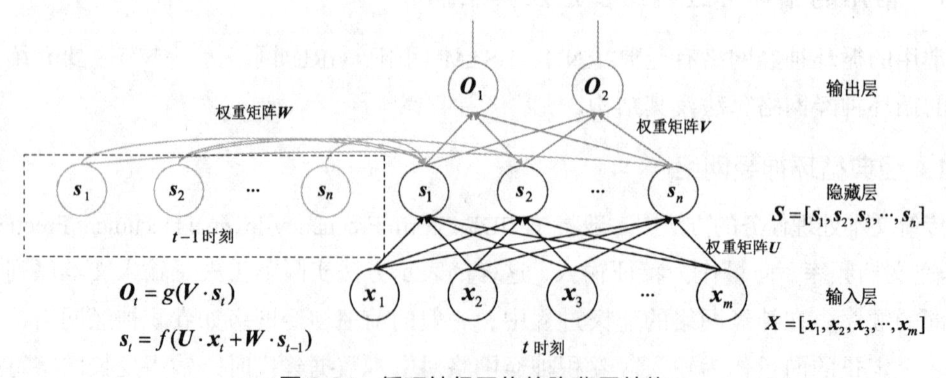

图 3-24 循环神经网络的隐藏层结构

循环神经网络的隐藏层的输出向量 $\boldsymbol{s}_t$ 不仅仅取决于当前时刻（单词）t 的输入 $\boldsymbol{x}_t$，

还取决于上一个时刻（单词）（$t-1$）的隐藏层的输出向量 $\boldsymbol{s}_{t-1}$，即 $\boldsymbol{s}_t=f(\boldsymbol{U}\cdot\boldsymbol{x}_t+\boldsymbol{W}\cdot\boldsymbol{s}_{t-1})$。其中，$\boldsymbol{W}$ 就是隐藏层上一个时刻的输出向量作为这一次的输入的权重矩阵。

将图 3-24 中的隐藏层按时间线展开，如图 3-25 所示。假设一句话有 4 个单词，每个单词的嵌入层的输出向量作为 t 时刻的输入 $\boldsymbol{x}_t$，整个网络的输出可以在最后一个单词输入后得到。

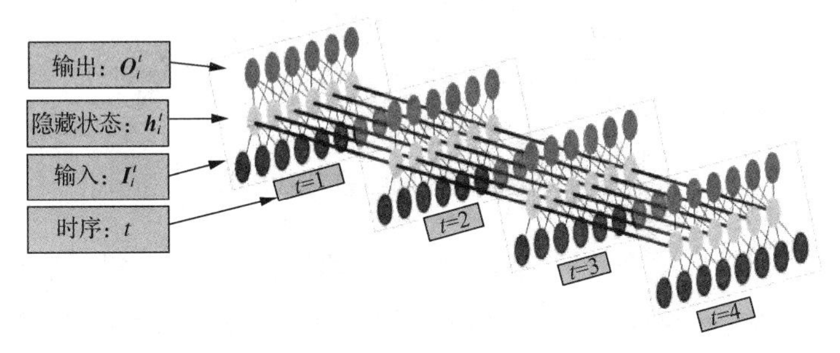

图 3-25　按时间线展开的循环神经网络隐藏层

2. LSTM 网络

假如现在有这样一个需求，根据现有文本预测词语，如“云朵飘浮在____”，通过间隔不远的位置就可以预测出来词语是“天上”，但是对于其他句子，需要被预测的词语可能在 100 个词语之前。那么此时由于与被预测词间隔非常大，可能会导致预测值与结果的相关性变得非常小，而无法非常好地预测，即循环神经网络中的长期依赖（Long-Term Dependencies）问题。LSTM 网络可以很好地解决这个问题。

LSTM 网络是循环神经网络的一种特殊类型，可以学习长期依赖关系。LSTM 网络的内部结构如图 3-26 所示。其中，⊙是哈达玛积（Hadamard Product），将矩阵中对应的元素相乘，要求两个相乘矩阵是相同大小的。$\boldsymbol{x}^t$ 是 t 时刻的输入，$\boldsymbol{c}^{t-1}$ 和 $\boldsymbol{h}^{t-1}$ 是 $(t-1)$ 时刻的两个输出，分别表示细胞状态（Cell State）和隐藏状态（Hidden State）。其中 $\boldsymbol{c}^t$ 的数值大小随着传递的进行改变得较慢，因为输出的 $\boldsymbol{c}^t$ 是上一个状态传过来的 $\boldsymbol{c}^{t-1}$ 加上一些数值而得到的。而在不同节点下的 $\boldsymbol{h}^t$ 数值的变动幅度较大。设 $\boldsymbol{X}^t=\begin{bmatrix}\boldsymbol{x}^t\\ \boldsymbol{h}^{t-1}\end{bmatrix}$，$\sigma(z)=\dfrac{1}{1+e^{-z}}$，$\tanh(z)=\dfrac{\mathrm{e}^z-\mathrm{e}^{-z}}{\mathrm{e}^z+\mathrm{e}^{-z}}$，则 $\boldsymbol{z}^{\mathrm{f}}=\sigma(\boldsymbol{W}^{\mathrm{f}}\boldsymbol{X}^t)$，$\boldsymbol{z}^{\mathrm{i}}=\sigma(\boldsymbol{W}^{\mathrm{i}}\boldsymbol{X}^t)$，$\boldsymbol{z}=\tanh(\boldsymbol{W}\boldsymbol{X}^t)$，$\boldsymbol{z}^{\mathrm{o}}=\sigma(\boldsymbol{W}^{\mathrm{o}}\boldsymbol{X}^t)$。其中 $\boldsymbol{W}^{\mathrm{f}}$、$\boldsymbol{W}^{\mathrm{i}}$、$\boldsymbol{W}$、$\boldsymbol{W}^{\mathrm{o}}$ 是需要通过训练得到的权重矩阵。

LSTM 网络内部主要分为 3 个阶段，首先是忘记阶段，其次是选择记忆阶段，最后是输出阶段。

（1）忘记阶段。这个阶段主要是对上一个节点传进来的输入进行选择性忘记。即将计算得到的 $\boldsymbol{z}^{\mathrm{f}}$（f 表示 forget）作为忘记门控，来控制上一个状态的 $\boldsymbol{c}^{t-1}$ 有哪些需要留下来、哪些需要忘记。

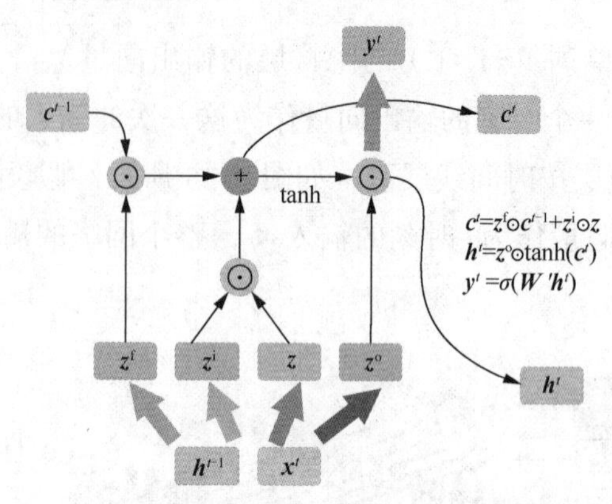

图 3-26　LSTM 网络的内部结构

（2）选择记忆阶段。这个阶段的输入会被有选择性地“记忆”。主要会对输入 $\boldsymbol{x}^t$ 进行选择记忆。当前的输入内容由前面计算得到的 z 表示。而选择的门控信号则由 z^{i}（i 代表 information）来进行控制。将上面两步得到的结果相加，即可得到传输给下一个状态的 $\boldsymbol{c}^t$。即 $\boldsymbol{c}^t = \boldsymbol{z}^{\mathrm{f}} \odot \boldsymbol{c}^{t-1} + \boldsymbol{z}^{\mathrm{i}} \odot \boldsymbol{z}$。

（3）输出阶段。这个阶段将决定当前状态的输出值。主要是通过 z^{o}（o 代表 output）来进行控制的。并且还对上一阶段得到的 $\boldsymbol{c}^t$ 进行了缩小或放大的操作，缩放操作通过一个 Tanh 激活函数进行。与经典 RNN 类似，输出 $\boldsymbol{y}^t$ 往往最终也是通过 $\boldsymbol{h}^t$ 变化得到的。

LSTM 网络通过门控状态来控制传输状态，记住需要长时间记忆的信息，忘记不重要的信息；而不像普通的循环神经网络那样只能够“呆萌”地使用一种记忆叠加方式。但 LSTM 网络也因为引入了很多内容，导致参数变多，使得训练难度加大了很多。因此训练量大时会使用门控循环单元（Gated Recurrent Unit，GRU）网络。

在一个训练好的网络中，当输入的序列中没有重要信息时，LSTM 网络的遗忘门的值接近于 1，输入门的值接近于 0，此时过去的记忆会被保存，从而实现长期记忆功能；当输入的序列中出现了重要信息，且该信息意味着之前的记忆不再重要时，输入门的值接近 1，而遗忘门的值接近于 0，这样旧的记忆被遗忘，新的重要信息被记忆。经过这样的设计，整个网络更容易学习到序列之间的长期依赖关系。

3. GRU 网络

GRU 网络是在 LSTM 网络上进行简化而得到的，GRU 网络的结构如图 3-27 所示。

GRU 网络有两个门，即一个重置门（Reset Gate）和一个更新门（Update Gate）。重置门决定了如何将新的输入信息与前面的记忆相结合，更新门定义了前面记忆保存到当前时间步的量。如果将重置门设置为 1、更新门设置为 0，那么将再次获得标准循环神经网络。GRU 使用门控机制学习长期依赖关系的基本思想和 LSTM 网络一致，但还是有一些关键的区别，具体有如下 5 点。

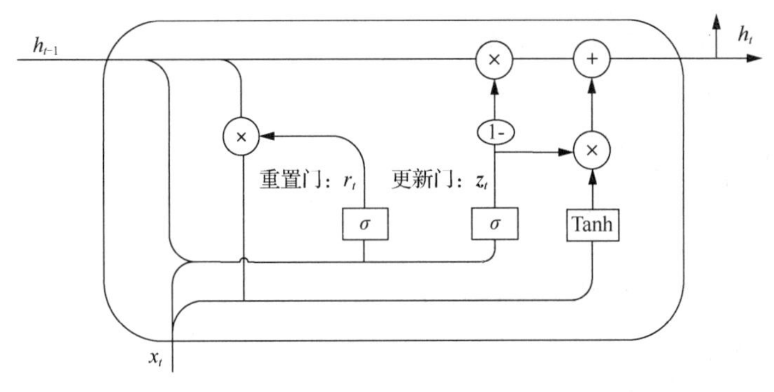

图 3-27 GRU 网络的结构

（1）GRU 网络有两个门（重置门与更新门），而 LSTM 网络有 3 个门（输入门、遗忘门和输出门）。

（2）GRU 网络并不会控制和保留内部记忆（ c_t ），且没有 LSTM 网络中的输出门。

（3）r_t 代表重置门，工作方式与 LSTM 网络的遗忘门类似，重置门决定有多少历史信息不能被传递到下一时刻。

（4）GRU 网络在计算输出时并不应用二阶非线性。

（5）z_t 代表更新门，作用类似于 LSTM 网络中的遗忘门和输入门，它能决定有多少历史信息可以被传递到下一时刻。

3.2.2 循环神经网络中的常用网络层

本节介绍循环神经网络中的常用网络层和相应的 PyTorch 实现，并解释每层的计算原理。

1. 嵌入层

分类数据是指来自有限选择集的一个或多个离散项的输入特征。分类数据直接的表示方式是通过稀疏张量（Sparse Tensor）表示，即独热编码（One-Hot Encoding）实现向量化。但是，通过独热编码实现的分类数据向量化，有如下两个问题使得机器学习不能有效进行。

（1）独热向量（One-Hot Vector）太大，在深度学习中，巨大的输入向量意味着神经网络需要有超大数量的权重。假设一个词汇表中有 m 个单词，并且输入的网络的第一层中有 n 个节点，则需要使用 $m \times n$ 个权重来训练该网络的第一层。大量的权重会导致有效训练需要的数据增多且网络训练和模型应用所需的计算量增大。

（2）向量间缺少有意义的关系。将 RGB 通道的像素值提供给图像分类器，那么谈论“相近”值是有意义的，如“略带红色的蓝色接近纯蓝色”，这个判断无论是在语义上还是在向量的几何距离方面都成立。但是，假设一个索引为 1247，值为 1 的向量表示“马”；另一个索引为 50430，值为 1 的向量表示“羚羊”。“外貌跟‘马’一样长了四条腿的‘羚羊'与'狮子'很接近。"，这句话无论是在语义上还是在生物学中都不成立。

为了能够更快地训练网络，不仅需要足够大的维度来编码丰富的语义关系，同时也需要一个足够大的向量空间。

嵌入层的作用就是能够将高维数据映射到较低维空间，这样解决了向量空间高维度的问题，又赋予了单词间几何空间距离大小的实际意义。

嵌入层只能用作网络中的第一层。可以使用 PyTorch 中的 Embedding 类对数据进行嵌入，语法格式如下。

```
torch.nn.Embedding(num_embeddings, embedding_dim, padding_idx =None,
max_norm=None, norm_type=2, scale_grad_by_freq=False, sparse=False)
```

Embedding 类的常用参数及其说明如表 3-7 所示。

表 3-7　Embedding 类的常用参数及其说明

参数名称	说明
num_embeddings	接收 int，表示嵌入字典的大小，无默认值
embedding_dim	接收 int，表示每个嵌入向量的大小，无默认值
padding_idx	接收 int，表示如果提供，输出遇到此索引时用零填充，默认为 None
max_norm	接收 float，表示如果提供，会重新归一化词嵌入，使它们的范数小于提供的值，默认为 None
norm_type	接收 float，表示指定利用什么范数计算，并用于对比 max_norm，默认为 2
scale_grad_by_freq	接收 bool，表示根据单词在小批量中出现的频率对梯度进行放缩，默认为 False
sparse	接收 bool，表示若为 True，则将与权重矩阵相关的梯度转变为稀疏张量，默认为 False

使用 Embedding 类构建训练矩阵，如代码 3-23 所示。

代码 3-23　使用 Embedding 类构建训练矩阵

```
word_to_id = {'hello':0, 'world':1}
embeds = nn.Embedding(2, 10)
hello_idx = torch.LongTensor([word_to_id['hello']])
hello_embed = embeds(hello_idx)
print(hello_embed)
```

代码 3-23 中有一组字典，有两个词"hello"和"world"，对应的值为 0 和 1。通过 PyTorch 中的 Embedding 类建立一个 2×10 的矩阵，其中 2 表示字典中词的数量，10 表示每个词对应的向量大小。

运行代码 3-23，得到的结果如下。

```
tensor([[-0.3411, -0.3500,  1.1555,  0.9658, -1.0323, -0.1896,  0.3814,  0.1731,
         -0.4137, -1.4505]], grad_fn=<EmbeddingBackward>)
```

2. 循环层

在 PyTorch 中提供一些常用的实现循环层的类，如 RNN 类、LSTM 类和 GRU 类。

（1）RNN 类。

PyTorch 中用于实现循环神经网络的主要是 RNN 类及 RNNCell 类。两者的区别是前者输入一个序列，而后者输入单个时间步，并且必须手动完成时间步之间的操作。

RNN 类的语法格式如下。

```
torch.nn.RNN (input_size, hidden_size, num_layers=1, nonlinearity='tanh',
bias=True, batch_first=False, dropout=0, bidirectional=False)
```

RNN 类的常用参数及其说明如表 3-8 所示。

表 3-8 RNN 类的常用参数及其说明

参数名称	说明
input_size	接收 int，表示输入特征的维度，无默认值
hidden_size	接收 int，表示隐藏层神经元个数，无默认值
num_layers	接收 int，表示网络的层数，默认为 1
nonlinearity	接收 str，表示选择的非线性激活函数，默认为 tanh
bias	接收 bool，表示是否使用偏置，默认为 True
batch_first	接收 bool，表示输入数据的形式，如(seq, batch, feature)，即将 seq 放在第一位，batch 放在第二位，默认为 False
dropout	接收 bool，表示是否在输出层应用丢弃层，默认为 0
bidirectional	接收 bool，表示是否使用双向的循环神经网络，默认为 False

使用 RNN 类构建循环神经网络如代码 3-24 所示。

代码 3-24 使用 RNN 类构建循环神经网络

```
import torch
from torch.autograd import Variable
from torch import nn
x = Variable(torch.randn(6, 5, 100)) # 这是循环神经网络的输入格式
rnn_seq = nn.RNN(100, 200)
print(rnn_seq.weight_hh_l0) #与 h 相乘的权重
print(rnn_seq.weight_ih_l0)  #与 x 相乘的权重
out, h_t = rnn_seq(x) # 使用默认的全 0 隐藏状态
h_0 = Variable(torch.randn(1, 5, 200))
```

```
out, h_t = rnn_seq(x, h_0)
print(out.shape,h_t.shape)
```

运行代码 3-24，得到的结果如下。

```
Parameter containing:
tensor([[-0.0081,  0.0691, -0.0650,  ..., -0.0376, -0.0420, -0.0140],
        [-0.0012,  0.0400,  0.0190,  ..., -0.0377, -0.0081,  0.0367],
        [-0.0706, -0.0704,  0.0508,  ...,  0.0020, -0.0166, -0.0374],
        ...,
        [ 0.0291,  0.0010, -0.0210,  ...,  0.0050, -0.0182, -0.0448],
        [-0.0282, -0.0057,  0.0024,  ..., -0.0181, -0.0313, -0.0337],
        [-0.0448, -0.0623,  0.0484,  ...,  0.0508, -0.0001,  0.0157]],
       requires_grad=True)
Parameter containing:
tensor([[-0.0229, -0.0067,  0.0256,  ...,  0.0056, -0.0681, -0.0328],
        [-0.0346, -0.0443, -0.0206,  ...,  0.0582, -0.0365,  0.0295],
        [-0.0528, -0.0705, -0.0158,  ...,  0.0474,  0.0183,  0.0387],
        ...,
        [ 0.0058,  0.0366,  0.0537,  ..., -0.0615, -0.0098, -0.0682],
        [ 0.0305, -0.0137,  0.0673,  ...,  0.0492, -0.0091, -0.0062],
        [-0.0696, -0.0146, -0.0333,  ..., -0.0484,  0.0023, -0.0047]],
       requires_grad=True)
torch.Size([6, 5, 200]) torch.Size([1, 5, 200])
```

RNNCell 类的语法格式如下。

```
torch.nn.RNNCell(input_size, hidden_size, bias=True, nonlinearity='tanh')
```

RNNCell 类的常用参数及其说明如表 3-9 所示。

表 3-9　RNNCell 类的常用参数及其说明

参数名称	说明
input_size	接收 int，表示输入特征的维度，无默认值
hidden_size	接收 int，表示隐藏层神经元个数，无默认值
bias	接收 bool，表示是否使用偏置，默认为 True
nonlinearity	接收 str，表示选择的非线性激活函数，默认为 tanh

使用 RNNCell 类构建循环神经网络，如代码 3-25 所示。

代码 3-25 使用 RNNCell 类构建循环神经网络

```
cell = nn.RNNCell(100, 20)
x = torch.randn(3, 100)
xs = [torch.randn(3, 100) for i in range(10)]
h = torch.zeros(3, 20)
for xt in xs:
    h = cell(xt, h)
print(h.shape)
```

运行代码 3-25，得到的结果如下。

```
torch.Size([3, 20])
```

（2）LSTM 类。

LSTM 类的语法格式如下。

```
torch.nn.LSTM(input_size,hidden_size,num_layers,bias,batch_first,dropout,
bidirectional)
```

LSTM 类的常用参数及其说明如表 3-10 所示。

表 3-10 LSTM 类的常用参数及其说明

参数名称	说明
input_size	接收 int，表示输入特征的维度，通常就是 embedding_dim（词向量的维度），无默认值
hidden_size	接收 int，表示隐藏层神经元个数，即每一层有多少个 LSTM 单元，无默认值
num_layers	接收 int，表示循环神经网络中的 LSTM 单元的层数，无默认值
bias	接收 bool，表示是否使用偏置，默认使用 True
batch_first	接收 bool，表示输入数据的形式。如果为 True，那么输入和输出张量的形状为(batch,seq,feature)，默认为 False
dropout	接收 int，表示丢弃的比例。如果非 0，将会在循环神经网络的输出上加一个丢弃层，最后一层除外。默认为 0
bidirectional	接收 bool，表示是否使用双向 LSTM，默认为 False

使用 LSTM 类构建 LSTM 网络，如代码 3-26 所示。

代码 3-26 使用 LSTM 类构建 LSTM 网络

```
batch_size = 10  # 句子的数量
seq_len = 20  # 每个句子的长度
embedding_dim = 30  # 用长度为 30 的向量表示一个词语
word_vocab = 100  # 字典的数量
hidden_size = 18  # 隐藏层中 LSTM 单元的个数
```

```
num_layers = 2  # 多少个隐藏层
in_put = torch.randint(low=0, high=100, size=(batch_size, seq_len))
# 将 embedding 之后的数据传入 LSTM 单元
embedding = torch.nn.Embedding(word_vocab, embedding_dim)
lstm = torch.nn.LSTM(embedding_dim, hidden_size, num_layers)
embed = embedding(in_put)  # [10, 20, 30]
embed = embed.permute(1, 0, 2)  # [20, 10, 30]
h_0 = torch.rand(num_layers, batch_size, hidden_size)
c_0 = torch.rand(num_layers, batch_size, hidden_size)
out_put, (h_1, c_1) = lstm(embed, (h_0, c_0))
print(out_put.size())
print(h_1.size())
print(c_1.size())
last_output = out_put[-1, :, :]
print(last_output.size())
last_hidden_state = h_1[-1, :, :]
print(last_hidden_state.size())
```

运行代码 3-26，得到的结果如下。

```
torch.Size([20, 10, 18])
torch.Size([2, 10, 18])
torch.Size([2, 10, 18])
torch.Size([10, 18])
torch.Size([10, 18])
```

（3）GRU 类。

GRU 类的语法格式如下。

```
torch.nn.GRU(input_size,hidden_size,num_layers,bias,batch_first,dropout,
bidirectional)
```

GRU 类的常用参数及其说明如表 3-11 所示。

表 3-11　GRU 类的常用参数及其说明

参数名称	说明
input_size	接收 int，表示输入特征的维度，通常就是 embedding_dim（词向量的维度），无默认值
hidden_size	接收 int，表示隐藏层神经元个数，即每一层有多少个 LSTM 单元，无默认值
num_layers	接收 int，表示循环神经网络中的层数，无默认值

续表

参数名称	说明
bias	接收 bool，表示是否使用偏置，默认为 True
batch_first	接收 bool，表示输入数据的形式。如果为 True，那么输入和输出张量的形状是(batch,seq,feature)，否则为(seq,batch,feature)，默认为 False
dropout	接收 int，表示丢弃的比例。如果非 0，将会在循环神经网络的输出上加一个丢弃层，最后一层除外，默认为 0
bidirectional	接收 bool，表示是否使用双向循环神经网络，默认为 False

使用 GRU 类构建一个 input_size=10、hidden_size=20 的 2 层循环神经网络，同时输出网络中的权重和偏差以及形状，如代码 3-27 所示。

代码 3-27 使用 GRU 类构建循环神经网络

```
gru = nn.GRU(input_size=10, hidden_size=20, num_layers=2)
print(gru._parameters.keys())
print(gru.weight_ih_l0.shape)
print(gru.weight_hh_l0.shape)
```

运行代码 3-27，得到的结果如下。

```
odict_keys(['weight_ih_l0', 'weight_hh_l0', 'bias_ih_l0', 'bias_hh_l0',
'weight_ih_l1', 'weight_hh_l1', 'bias_ih_l1', 'bias_hh_l1'])
torch.Size([60, 10])
torch.Size([60, 20])
```

3. 注意力模型

注意力模型（Attention Model）被广泛使用在自然语言处理、图像分类及语音识别等各种不同深度学习任务中，是深度学习技术中值得关注与深入了解的核心技术之一。

（1）注意力模型的思想。

注意力模型的核心思想是让模型能够将注意力集中在输入的特定部分，从而更好地理解输入和生成输出。具体来说，注意力模型通过为输入的每个部分分配一个权重，根据权重的分布情况来决定哪些部分对于输出是重要的。在生成输出时，模型会根据这些权重的信息来决定应该关注输入的哪些部分。常见的注意力模型包括自注意力（Self Attention）模型等。

（2）Encoder-Decoder 框架。

Encoder-Decoder 框架是目前大多数注意力模型构建的基础。其实，注意力模型可以看作一种通用的思想，本身并不依赖于特定框架。Encoder-Decoder 框架可以看作深度学习领域的一种研究模式，应用场景异常广泛。抽象的文本处理领域的 Encoder-Decoder 框架如图 3-28 所示。

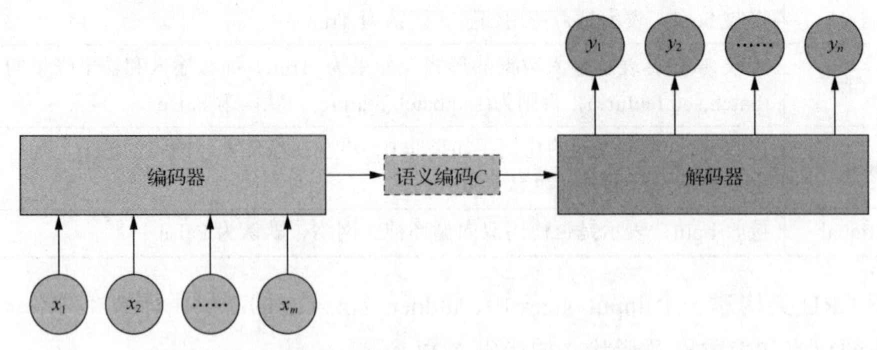

图 3-28　抽象的文本处理领域的 Encoder-Decoder 框架

令单词序列 Source $=(x_1,x_2,\cdots,x_m)$，Target $=(y_1,y_2,\cdots,y_n)$，如图 3-28 所示，其中 Source 和 Target 都是不定长序列。对于句子对<Source,Target>，给定输入句子 Source，期望通过抽象的文本处理领域的 Encoder-Decoder 框架生成目标句子 Target。Source 和 Target 可以是同一种语言，也可以是两种不同的语言。

编码器（Encoder）将输入句子 Source 通过非线性变换（循环神经网络）F 转化为中间语义 C，$C=F(x_1,x_2,\cdots,x_m)$。

解码器（Decoder）根据句子 Source 的中间语义 C 和之前已经生成的历史信息 $(y_1,y_2,\cdots,y_{i-1})$，用另一个变换（循环神经网络）g 来生成 i 时刻要生成的单词 y_i，$y_i=g(C,y_1,y_2,\cdots,y_{i-1})$。

每个 y_i 依次产生后，整个系统立即根据输入句子 Source 生成目标句子 Target。如果 Source 是中文句子，Target 是英文句子，那么这就是解决机器翻译问题的 Encoder-Decoder 框架；如果 Source 是一篇文章，Target 是概括性的几句描述语句，那么这是文本摘要的 Encoder-Decoder 框架；如果 Source 是一句问句，Target 是一句回答，那么这是问答系统或者对话机器人的 Encoder-Decoder 框架。由此可见，在文本处理领域，Encoder-Decoder 框架的应用相当广泛。

抽象的文本处理领域的 Encoder-Decoder 框架不仅仅在文本领域广泛使用，在语音识别、图像处理等领域也经常使用。比如对语音识别而言，Encoder 的输入是语音流，Decoder 的输出是对应的文本信息。而对图像处理而言，Encoder 的输入是一张图片，Decoder 的输出则是能够描述图片内容的一句描述语；如果 Encoder 的输入是一句话，Decoder 的输出是一张图片，则可以构造智能绘图应用；如果 Encoder 输入的是一张有噪声的图片，Decoder 的输出是一张无噪声的图片，则可以用于图像去噪；如果 Encoder 输入的是一张黑白图片，Decoder 输出的是一张彩色图片，则可以用于黑白图像上色。一般而言，文本处理和语音识别的 Encoder 部分通常采用循环神经网络模型，图像处理的 Encoder

通常采用卷积神经网络模型。

抽象的文本处理领域的 Encoder-Decoder 框架可以看作注意力不集中的分心模型。因为不管 i 为多少，y_i 都是基于相同的中间语义 C 进行编码的，所以注意力对所有输出都是相同的。注意力模型的任务是突出重点，也就是说，中间语义 C 对不同 i 应该有不同的侧重点，如式（3-2）和式（3-3）所示。

$$y_i = g(C_i, y_1, y_2, \cdots, y_{i-1}) \tag{3-2}$$

$$C_i = \sum_{j=1}^{m} a_{ij} h_j \tag{3-3}$$

a_{ij} 的定义如式（3-4）所示。其中，h_j 是输入句子中第 j 个单词的语义编码，H_i 是输出句子中第 i 个单词的语义编码，a_{ij} 代表在 Target 输出第 i 个单词时，Source 输入句子中第 j 个单词的注意力分配系数。

$$a_{ij} = \frac{e^{f(h_j, H_{i-1})}}{\sum_j e^{f(h_j, H_{i-1})}} \tag{3-4}$$

f 是相似性计算函数，常见的方法包括点积、余弦或者通过再学习一个额外的神经网络来求值，然后用类似激活函数（Softmax）的计算方式对相似性进行数值转换。这样一方面可以进行归一化，将原始计算分值整理成所有元素权重之和为 1 的概率分布，另一方面也可以通过 Softmax 的内在机制更加突出重要元素的权重。由此可见，这种注意力模型的编程实现有点儿复杂。

（3）自注意力模型。

自注意力模型也经常被称为内部注意力（Intra Attention）模型，近年来也获得了比较广泛的使用，比如谷歌的机器翻译模型内部大量采用了这种模型。

在一般任务的 Encoder-Decoder 框架中，输入 Source 和输出 Target 内容是不一样的，如对英-中机器翻译而言，Source 输入的是英文句子，Target 输出的是对应的翻译出的中文句子，注意力机制发生在 Target 的元素 ***Query*** 和 Source 中的所有元素之间。而自注意力顾名思义，指的不是 Target 和 Source 之间的注意力机制，而是 Source 内部元素之间或者 Target 内部元素之间发生的注意力机制，也可以理解为 Target 和 Source 相等（特殊情况）时的注意力机制。如果是常规的、Target 不等于 Source 情形下的注意力计算，其物理含义正如上文 Encoder-Decoder 框架部分所讲。可视化地表示自注意力机制在同一个英语句子内的单词间产生的联系，如图 3-29 所示。

从图 3-29 可以看出，翻译“making”的时候会注意到“more difficult”，因为这两者组成了一个常用的短语。自注意力模型不仅可以捕获同一个句子中单词之间的一些句法特征或者语义特征，在计算过程中还会直接将句子中任意两个单词通过一个计算步骤直接联系起来，所以远距离的依赖特征之间的距离被极大缩短，有利于有效利用这些特征。而经典卷积网络和 LSTM 网络就需要按序列依次计算，对于远距离的相互依赖的特征，要经过若干时间序列的信息累积才能将两者联系起来，距离越远，有效捕获的可能性就越小。当引入自注意力模型后，捕获句子中远距离的相互依赖的特征就相对容易了。除此之外，自注意力模型对于增加计算的并行性也有直接帮助作用。

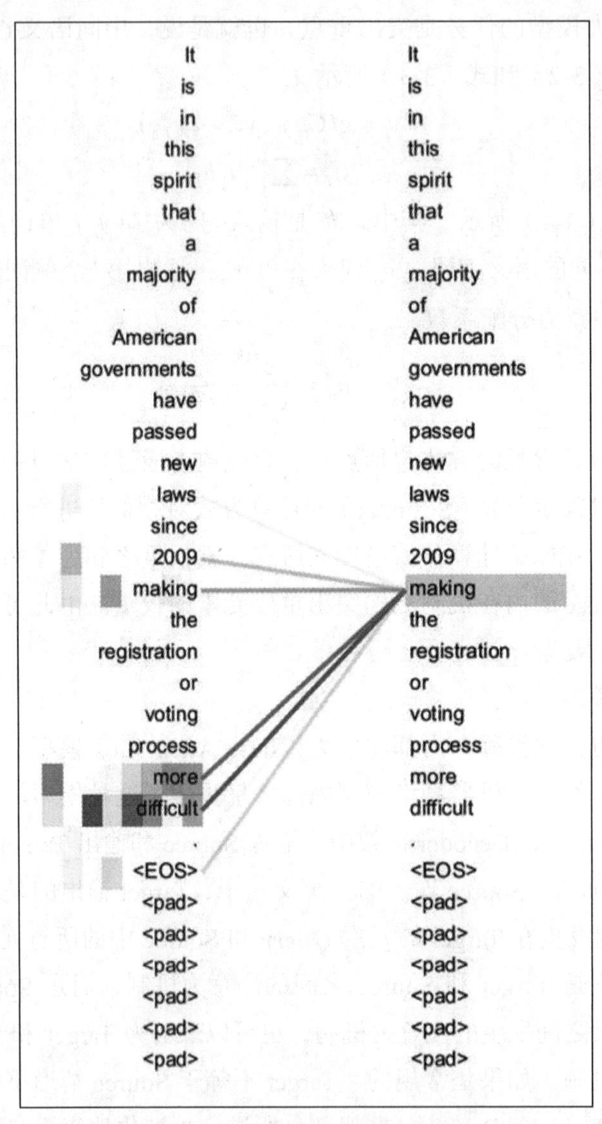

图 3-29　机器翻译中的自注意力机制实例

翻译词组“Thinking Machines”时自注意力模型的计算过程如图 3-30 所示。其中单词“Thinking”经过嵌入层得到的输出用 $\boldsymbol{x}_1$ 表示，“Machines”的嵌入层的输出用 $\boldsymbol{x}_2$ 表示。单词“Thinking”的 ***Query***、***Key*** 和 ***Value*** 分别由 x_1 经过线性变换得到，即 $\boldsymbol{q}_1=\boldsymbol{x}_1\boldsymbol{W}^{\mathrm{Q}}$（Q 表示 Query），$\boldsymbol{k}_1=\boldsymbol{x}_1\boldsymbol{W}^{\mathrm{K}}$（K 表示 Key），$\boldsymbol{v}_1=\boldsymbol{x}_1\boldsymbol{W}^{\mathrm{V}}$（V 表示 Value），其中 $\boldsymbol{W}^{\mathrm{Q}}$、$\boldsymbol{W}^{\mathrm{K}}$ 和 $\boldsymbol{W}^{\mathrm{V}}$ 是相同大小的可学习的变换矩阵，由神经网络训练得到。同理，单词“Machines”的 ***Query***、***Key***、***Value*** 参数分别表示为 $\boldsymbol{q}_2$、$\boldsymbol{k}_2$ 和 $\boldsymbol{v}_2$。

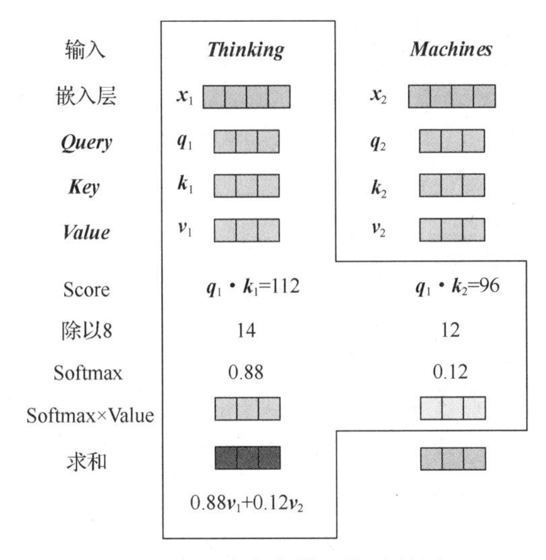

图 3-30 自注意力模型的计算过程

当处理“Thinking”这个单词时，需要计算句子中所有单词与它的注意力得分（Score），这就像将当前词作为搜索的 ***Query***，去和句子中所有单词（包含该单词本身）的 ***Key*** 匹配，看看相关度有多高，即计算 $\boldsymbol{q}_1$ 与 $\boldsymbol{k}_1$ 的点乘以及 $\boldsymbol{q}_1$ 与 $\boldsymbol{k}_2$ 的点乘。同理，计算“Machines”的注意力得分的时候需要计算 $\boldsymbol{q}_2$ 与 $\boldsymbol{k}_1$ 的点乘以及 $\boldsymbol{q}_2$ 与 $\boldsymbol{k}_2$ 的点乘。然后进行尺度的放大或缩小，并用激活函数（Softmax）进行归一化操作。当前单词与其自身的注意力得分一般最大，其他单词根据与当前单词的重要程度有相应的注意力得分。然后，将当前单词的注意力得分和其他单词的注意力得分与 ***Value*** 向量分别相乘，再将分别相乘得到的值做求和运算，得到当前单词的特征输出。

3.2.3 基于 LSTM 网络的时间序列分析

3.2.2 节介绍了循环神经网络的常用网络层，下面将使用循环神经网络中的 LSTM 网络实现时间序列分析。使用的数据集为国际航班的月客流量，包括 1949 年到 1960 年（共 12 年）每年的 12 个月的数据，一共 144 条数据。目标是预测国际航班未来 1 个月的客流量。下面从数据加载与预处理、构建网络、训练网络和性能评估等方面进行介绍。

1. 数据加载与预处理

加载数据后，对数据进行预处理，将数据中为“NA”的数据去掉。由于月客流量数据是不规范的标量，需要将数据标准化到同一尺度内，即 0～1 之间，以便用于模型训练。加载数据并预处理，如代码 3-28 所示。

代码 3-28 加载数据并预处理

```
import numpy as np
import pandas as pd
```

```
data_csv = pd.read_csv('../data/data.csv', usecols=[1])
data_csv = data_csv.dropna()
dataset = data_csv.values
dataset = dataset.astype('float32')
max_value = np.max(dataset)
min_value = np.min(dataset)
scalar = max_value - min_value
dataset = list(map(lambda x: x / scalar, dataset))
```

然后将数据集划分为训练集和测试集，其中 70%的数据作为训练集，30%的数据作为测试集，如代码 3-29 所示。

代码 3-29 创建数据集

```
def create_dataset(dataset, look_back=2):
    dataX, dataY = [], []
    for i in range(len(dataset) - look_back):
        a = dataset[i:(i + look_back)]
        dataX.append(a)
        dataY.append(dataset[i + look_back])
    return np.array(dataX), np.array(dataY)
# 创建好输入和输出
data_X, data_Y = create_dataset(dataset)
# 划分训练集和测试集，70%的数据作为训练集
train_size = int(len(data_X) * 0.7)
test_size = len(data_X) - train_size
train_X = data_X[:train_size]
train_Y = data_Y[:train_size]
test_X = data_X[train_size:]
test_Y = data_Y[train_size:]
```

由于 PyTorch 中循环神经网络读入的数据维度是(seq, batch, feature)，需要改变数据的形状，如代码 3-30 所示。因为只有一个序列，所以 batch 设为 1，而输入的 feature 是期望用于训练的月数（即步长），此处使用两个月的数据，因此 feature 设为 2。

代码 3-30 改变数据形状

```
train_X = train_X.reshape(-1, 1, 2)
train_Y = train_Y.reshape(-1, 1, 1)
test_X = test_X.reshape(-1, 1, 2)
```

```
train_x = torch.from_numpy(train_X)
train_y = torch.from_numpy(train_Y)
test_x = torch.from_numpy(test_X)
```

2. 构建网络

构建网络分为两步，首先构建一个两层的 LSTM 网络，使用两个月的数据作为输入，得到一个输出特征。然后，构建一个全连接层将 LSTM 网络的输出回归到月流量的具体数值，使用 view 函数来重新排列线性层的输入。因为全连接层（Linear）不接受三维的输入，所以先将前二维合并，经过线性层之后再将其分开，最后输出结果，如代码 3-31 所示。

代码 3-31 构建 LSTM 网络

```
# 定义模型
class lstm_reg(nn.Module):

    def __init__(self, input_size, hidden_size, output_size=1, num_layers=2):
        super(lstm_reg, self).__init__()
        self.rnn = nn.LSTM(input_size, hidden_size, num_layers)
                                                          # 循环神经网络
        self.reg = nn.Linear(hidden_size, output_size)  # 回归

    def forward(self, x):
        x, _ = self.rnn(x) # (seq, batch, hidden)
        s, b, h = x.shape
        x = x.view(s*b, h)  # 转换成线性层的输入格式
        x = self.reg(x)
        x = x.view(s, b, -1)
        return x
```

3. 训练网络

训练网络首先需要初始化网络，如代码 3-32 所示。其中输入的维度设置为 2，因为使用两个月的流量作为输入；隐藏层的维度可以任意指定，此处设置为 4。然后，还需设置使用的损失函数与优化器。

代码 3-32 初始化网络

```
net = lstm_reg(2, 4)
```

```
criterion = nn.MSELoss()  # 均方误差损失函数
optimizer = torch.optim.Adam(net.parameters(), lr=1e-2)  # Adam 优化器
```

最后，开始训练网络，如代码 3-33 所示。

代码 3-33　训练网络

```
# 开始训练
for e in range(1000):
    var_x = Variable(train_x)
    var_y = Variable(train_y)
    # 前向传播
    out = net(var_x)
    loss = criterion(out, var_y)
    # 反向传播
    optimizer.zero_grad()
    loss.backward()
    optimizer.step()
    if (e ) % 100 == 0:  # 每 100 次输出 1 次结果
        print('Epoch: {}, Loss: {:.5f}'.format(e, loss))
```

运行代码 3-33，得到的结果如下。

```
Epoch: 0, Loss: 0.23950
Epoch: 100, Loss: 0.00749
Epoch: 200, Loss: 0.00381
Epoch: 300, Loss: 0.00362
Epoch: 400, Loss: 0.00344
Epoch: 500, Loss: 0.00366
Epoch: 600, Loss: 0.00312
Epoch: 700, Loss: 0.00209
Epoch: 800, Loss: 0.00151
Epoch: 900, Loss: 0.0013
```

4. 性能评估

为了进行性能评估，画出实际结果和预测结果的折线图，如代码 3-34 所示。

代码 3-34　性能评估

```
#用训练好的模型去预测结果
net = net.eval()
data_X = data_X.reshape(-1, 1, 2)
```

```
data_X = torch.from_numpy(data_X)
var_data = Variable(data_X)
pred_test = net(var_data) # 测试集的预测结果
# 改变输出的格式
pred_test = pred_test.view(-1).data.numpy()
# 画出实际结果和预测结果的折线图
plt.plot(pred_test, 'r', label='预测值')
plt.plot(dataset, 'b', label='真实值')
plt.legend(loc='best')
```

运行代码 3-34，得到真实值与模型的预测值的折线图，如图 3-31 所示。可以看出使用 LSTM 网络能够得到和真实值比较相近的预测结果，因为 LSTM 网络能够记忆之前的信息，预测的趋势也与真实的数据集是相同的。与线性回归等算法相比，循环神经网络能更好地处理序列数据。

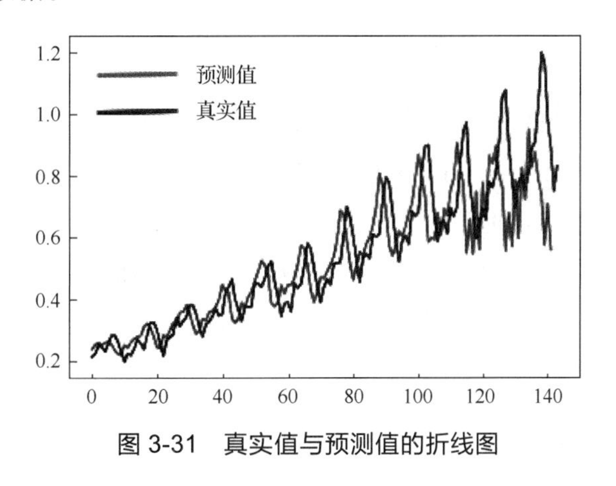

图 3-31　真实值与预测值的折线图

3.3 生成对抗网络基础

生成对抗网络是一种深度学习模型，是近年来提出的复杂分布无监督学习的方法之一。网络通过框架中的生成器（Generator）和判别器（Discriminator）的互相博弈学习产生输出。在经典生成对抗网络理论中，并不要求生成器和判别器都是神经网络，只需要能够拟合对应的生成和判别函数即可，但在实际运用中通常使用深度神经网络作为生成器和判别器。

3.3.1 常用的生成对抗网络算法及其结构

本节首先介绍经典生成对抗网络的算法及其结构，然后介绍在图像处理方面比较常用的深度卷积生成对抗网络（Deep Convolutional GAN，DCGAN）、条件生成对抗网络（Conditional GAN，CGAN）和循环生成对抗网络（CycleGAN）。

1．经典生成对抗网络

经典生成对抗网络的目的是让生成的假图片无法被判定成假图片。以生成假小狗图片为例，一个生成假小狗图片的网络被称为生成器，还有一个判断小狗图片真假的判别器，如图 3-32 所示。

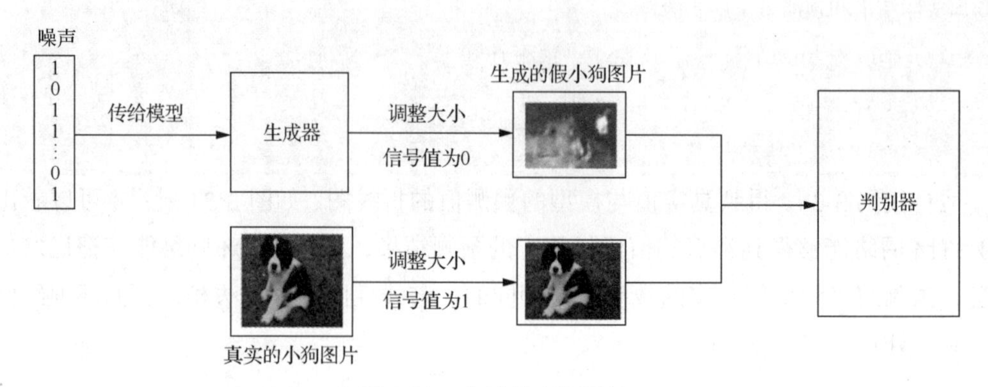

图 3-32　生成假小狗图片

首先将真实的小狗图片输入网络中，网络可以训练出一个判别器，对真假样本能做出判断。在判别器的基础上，对网络进行训练可以得到一个生成器。然后将生成器生成的小狗图片交给判别器来判别真伪，如果被判别器判断为假小狗图片，则让生成器吸取教训继续学习训练，直到判别器无法认出生成器生成的是假小狗图片且给予“真”小狗图片的判断。最后，输出实际为“假”、判断为“真”的图片，达到以假乱真的效果。

2．DCGAN

DCGAN 是继经典生成对抗网络之后的变种，其主要的改进内容为网络结构，极大地提升了训练的稳定性以及生成结果的质量。DCGAN 使用两个卷积神经网络分别表示生成器和判别器，其中生成器的结构如图 3-33 所示。

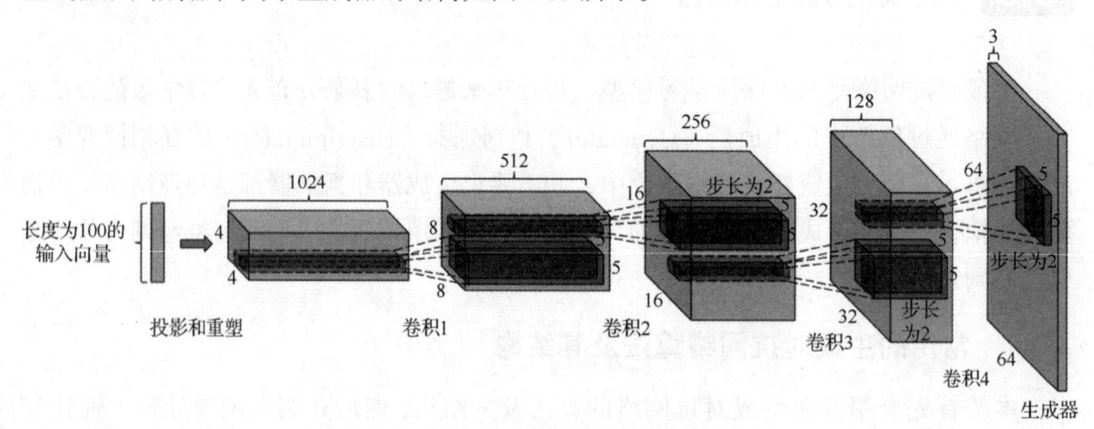

图 3-33　DCGAN 的生成器结构

同时，DCGAN 对原始的卷积神经网络的结构做了一些改变，用于提高收敛的速度，具体的改变如下。

（1）取消所有池化层。生成器中使用转置卷积（Transposed Convolutional）进行上采样，判别器中用加入步长的卷积代替池化层。

（2）在生成器和判别器中均使用批量归一化。神经网络中的每一层输出都会使数据的分布发生变化。随着层数的增加，网络的整体偏差会越来越大。批量归一化可以解决这一问题，通过对每一层的输入都进行归一化处理，能使数据有效服从某个固定的分布。

（3）去掉全连接层。全连接层的缺点在于参数过多，当神经网络层数多了后运算速度将会变得非常慢，此外全连接层会使网络变得容易过拟合。

（4）生成器和判别器使用不同的激活函数。生成器的输出层使用 ReLU 激活函数，判别器的输出层使用 Tanh 激活函数。判别器中对除输出层外的所有层均使用 Leaky ReLU 激活函数。

3. CGAN

CGAN 是在经典生成对抗网络的基础上进行改进的，其改进的目标是使网络能够指定具体生成的数据。通过对经典的生成对抗网络生成器和判别器添加额外的条件信息，实现条件生成网络。常见的额外信息为类别标签或者是其他的辅助信息。

CGAN 的核心就是将条件信息加入生成器和判别器中。

（1）经典的生成对抗网络生成器的输入信息是固定长度的噪声信息，CGAN 中则是将噪声信息 z 与条件信息 y 组合起来作为输入，标签信息一般由独热编码构成，如图 3-34 所示。

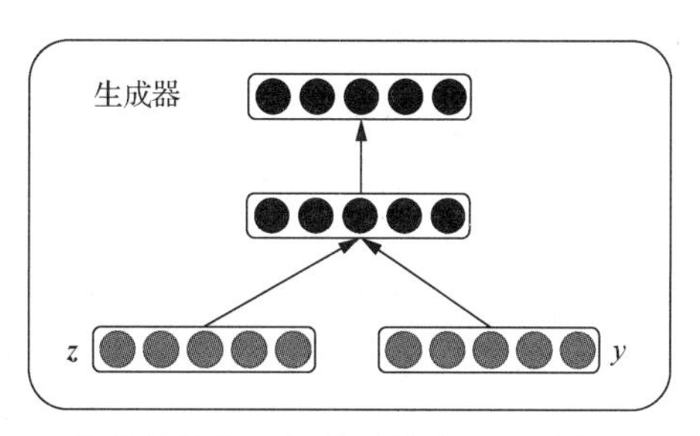

图 3-34　将噪声信息 z 与条件信息 y 组合起来作为输入

（2）经典的生成对抗网络判别器的输入是图像数据（真实的训练样本和生成器生成的数据），在 CGAN 中则是将条件信息 y 和图像数据 x 组合起来作为输入，如图 3-35 所示。

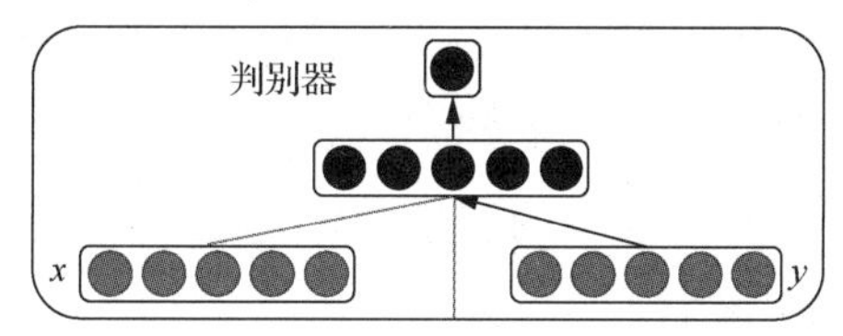

图 3-35　将条件信息 y 和图像数据 x 组合起来作为输入

4. CycleGAN

CycleGAN 是朱俊彦等人于 2017 年提出的生成对抗模型。该模型的作用是将一类图像转换成另一类图像。假设有 X 和 Y 两个图像域（比如马和斑马），CycleGAN 能够将图像域 X 中的图像（马）转换为图像域 Y 中的图像（斑马），或者是将图像域 Y 中的图像（斑马）转换为图像域 X 中的图像（马），如图 3-36 所示。

图 3-36　图像域 X 和 Y 中的图像风格相互转换

CycleGAN 的结构如图 3-37 所示。

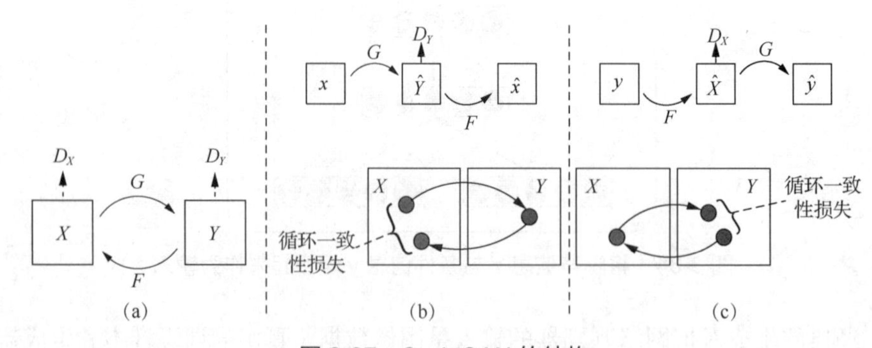

图 3-37　CycleGAN 的结构

为了实现两个域 X 和 Y 的相互映射，CycleGAN 使用了两个映射网络，即生成器 G（$X \to Y$）和 F（$Y \to X$），以及两个对应的判别器 D_X 和 D_Y。判别器 D_X 的目标是区分来自图像域 X 的真实图像和来自图像域 Y 的转换图像，D_Y 的目标是区分来自图像域 Y 的真实图像和来自图像域 X 的转换图像。

3.3.2 基于生成对抗网络的手写数字图像生成

3.3.1 节介绍了常用生成对抗网络算法及其结构，下面将使用生成对抗网络实现手写数字图像生成。通过该实例的介绍，读者可以进一步了解生成对抗网络的用法和作用。目标是依据 MNIST 数据集生成新的手写数字图像，主要包括数据加载与预处理、构建网络、训练网络等步骤。

1. 数据加载与预处理

数据加载与预处理主要是为判别器生成一定数量的样本并将样本绘制出来。首先，定义画图工具 show_images 函数，如代码 3-35 所示。

代码 3-35 定义画图工具 show_images 函数

```
import torch
from torch import nn
from torch.autograd import Variable
import torchvision.transforms as tfs
from torch.utils.data import DataLoader, sampler
from torchvision.datasets import MNIST
import numpy as np
import matplotlib.pyplot as plt
import matplotlib.gridspec as gridspec
%matplotlib inline
plt.rcParams['figure.figsize'] = (10.0, 8.0)  # 设置图的大小
plt.rcParams['image.interpolation'] = 'nearest'
plt.rcParams['image.cmap'] = 'gray'

def show_images(images):  # 定义画图工具
    images = np.reshape(images, [images.shape[0], -1])
    sqrtn = int(np.ceil(np.sqrt(images.shape[0])))
    sqrtimg = int(np.ceil(np.sqrt(images.shape[1])))
    fig = plt.figure(figsize=(sqrtn, sqrtn))
    gs = gridspec.GridSpec(sqrtn, sqrtn)
    gs.update(wspace=0.05, hspace=0.05)
    for i, img in enumerate(images):
        ax = plt.subplot(gs[i])
        plt.axis('off')
```

```
            ax.set_xticklabels([])
            ax.set_yticklabels([])
            ax.set_aspect('equal')
            plt.imshow(img.reshape([sqrtimg,sqrtimg]))
    return
def preprocess_img(x):
    x = tfs.ToTensor()(x)
    return (x - 0.5) / 0.5
def deprocess_img(x):
    return (x + 1.0) / 2.0
```

然后，定义用于采样的 ChunkSampler 类，从 MNIST 数据集中采样，样本数量为 128，最后将样本绘制出来，如代码 3-36 所示。

代码 3-36　定义用于采样的 ChunkSampler 类

```
class ChunkSampler(sampler.Sampler):

    def __init__(self, num_samples, start=0):
        self.num_samples = num_samples
        self.start = start

    def __iter__(self):
        return iter(range(self.start, self.start + self.num_samples))

    def __len__(self):
        return self.num_samples
NUM_TRAIN = 50000
NUM_VAL = 5000
NOISE_DIM = 96
batch_size = 128
train_set = MNIST('../data/', train=True, download=False, transform=
preprocess_img)
train_data = DataLoader(train_set, batch_size=batch_size, sampler=
ChunkSampler(NUM_TRAIN, 0))
val_set = MNIST('../data/', train=True, download=False, transform=
preprocess_img)
```

```
val_data = DataLoader(val_set, batch_size=batch_size, sampler=
ChunkSampler(NUM_VAL, NUM_TRAIN))
# 可视化图片效果
imgs = deprocess_img(train_data.__iter__().next()[0].view(batch_size, 784)).
numpy().squeeze()
show_images(imgs)
```

运行代码 3-36，得到样本如图 3-38 所示。

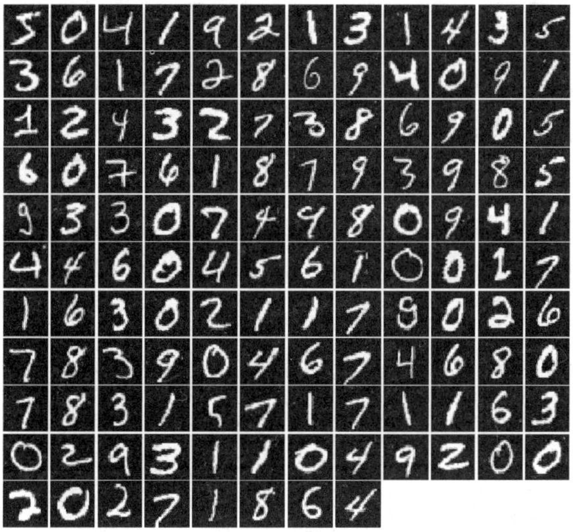

图 3-38 样本

2. 构建网络

构建生成对抗网络需要先定义判别器和生成器，然后构建生成对抗网络。

首先，使用 Sequential 类定义判别器，包括卷积层、池化层和 Leaky ReLU 激活函数。判别器的输入可以是真实的图片（从 MNIST 数据集取出的图片），也可以是生成器生成的图片，如代码 3-37 所示。

代码 3-37 定义判别器

```
device = torch.device('cuda' if torch.cuda.is_available() else 'cpu')
class build_dc_classifier(nn.Module):

    def __init__(self):
        super(build_dc_classifier, self).__init__()
        self.conv = nn.Sequential(
            nn.Conv2d(1, 32, 5, 1),
            nn.LeakyReLU(0.01),
```

```
            nn.MaxPool2d(2, 2),
            nn.Conv2d(32, 64, 5, 1),
            nn.LeakyReLU(0.01),
            nn.MaxPool2d(2, 2))

        self.fc = nn.Sequential(
            nn.Linear(1024, 1024),
            nn.LeakyReLU(0.01),
            nn.Linear(1024, 1))

    def forward(self, x):
        x = self.conv(x)
        x = x.view(x.shape[0], -1)
        x = self.fc(x)
        return x
```

其次，定义生成器，包括 BatchNorm1d 层、激活函数和 ConvTranspose2d，其中激活函数采用 ReLU 函数，输入是一组噪声信息 noise_dim，如代码 3-38 所示。

代码 3-38　定义生成器

```
class build_dc_generator(nn.Module):

    def __init__(self, noise_dim=NOISE_DIM):
        super(build_dc_generator, self).__init__()
        self.fc = nn.Sequential(
            nn.Linear(noise_dim, 1024),
            nn.ReLU(True),
            nn.BatchNorm1d(1024),
            nn.Linear(1024, 7 * 7 * 128),
            nn.ReLU(True),
            nn.BatchNorm1d(7 * 7 * 128))

        self.conv = nn.Sequential(
            nn.ConvTranspose2d(128, 64, 4, 2, padding=1),
            nn.ReLU(True),
            nn.BatchNorm2d(64),
            nn.ConvTranspose2d(64, 1, 4, 2, padding=1))
```

```
    def forward(self, x):
        x = self.fc(x)
        x = x.view(x.shape[0], 128, 7, 7)  # 调整形状，通道是 128，大小是 7×7
        x = self.conv(x)
        return x
```

再次，分别定义判别器和生成器的损失函数，如代码 3-39 所示。

代码 3-39 定义损失函数

```
bce_loss = nn.BCEWithLogitsLoss()
def discriminator_loss(logits_real, logits_fake):  # 判别器的损失函数
    size = logits_real.shape[0]
    true_labels = Variable(torch.ones(size, 1)).float().to(device)
    false_labels = Variable(torch.zeros(size, 1)).float().to(device)
    loss = bce_loss(logits_real, true_labels) + bce_loss(logits_fake,
false_labels)
    return loss


def generator_loss(logits_fake):  # 生成器的损失函数
    size = logits_fake.shape[0]
    true_labels = Variable(torch.ones(size, 1)).float().to(device)
    loss = bce_loss(logits_fake, true_labels)
    return loss
```

最后，将生成器和判别器串联在一起，构建生成对抗网络，如代码 3-40 所示。

代码 3-40 构建生成对抗网络

```
def train_dc_gan(D_net,
                G_net,
                D_optimizer,
                G_optimizer,
                discriminator_loss,
                generator_loss,
                show_every=250,
                noise_size=96,
                num_epochs=10):
    iter_count = 0
```

```
for epoch in range(num_epochs):
    for x, _ in train_data:
        bs = x.shape[0]
        real_data = Variable(x).to(device)  # 真实数据
        logits_real = D_net(real_data)  # 判别网络得分
        # -1~1 的分布
        sample_noise = (torch.rand(bs, noise_size) - 0.5) / 0.5
        g_fake_seed = Variable(sample_noise).to(device)
        fake_images = G_net(g_fake_seed)  # 生成的假的数据
        logits_fake = D_net(fake_images)  # 判别网络得分
        # 判别器的损失函数
        d_total_error = discriminator_loss(logits_real, logits_fake)
        D_optimizer.zero_grad()
        d_total_error.backward()
        D_optimizer.step()  # 优化判别网络
        # 生成网络
        g_fake_seed = Variable(sample_noise).to(device)
        fake_images = G_net(g_fake_seed)  # 生成的假的数据
        gen_logits_fake = D_net(fake_images)
        g_error = generator_loss(gen_logits_fake)  # 生成器的损失函数
        G_optimizer.zero_grad()
        g_error.backward()
        G_optimizer.step()  # 优化生成网络
        if (iter_count % show_every == 0):
            print('Iter: {}, D: {:.4}, G:{:.4}'.format(iter_count, 
d_total_error.item(), g_error.item()))
            imgs_numpy = deprocess_img(fake_images.data.cpu().numpy())
            show_images(imgs_numpy[0:16])
            plt.show()
            print()
        iter_count += 1
```

3. 训练网络

首先定义优化器，如代码 3-41 所示，使用 Adam 优化器来进行训练，学习率设为 3e−4，betas 参数设为(0.5,0.999)。

代码 3-41 定义优化器

```
def get_optimizer(net):
    optimizer = torch.optim.Adam(net.parameters(), lr=3e-4, betas=(0.5, 0.999))
    return optimizer
```

然后训练网络，如代码 3-42 所示。

代码 3-42 训练网络

```
D_DC = build_dc_classifier().to(device)
G_DC = build_dc_generator().to(device)
D_DC_optim = get_optimizer(D_DC)  # 判别器创建优化器
G_DC_optim = get_optimizer(G_DC)  # 生成器创建优化器
train_dc_gan(D_DC, G_DC, D_DC_optim, G_DC_optim,
            discriminator_loss, generator_loss, num_epochs=20)
```

在训练过程中，代码会将生成对抗网络每次迭代后绘制的每张图片都保存起来，运行结果如图 3-39 所示。其中，从（a）～（f）的迭代次数分别为 250、1000、3000、5000、7000 和 7500。可以看出图片质量越来越高，图片的清晰度越来越好。

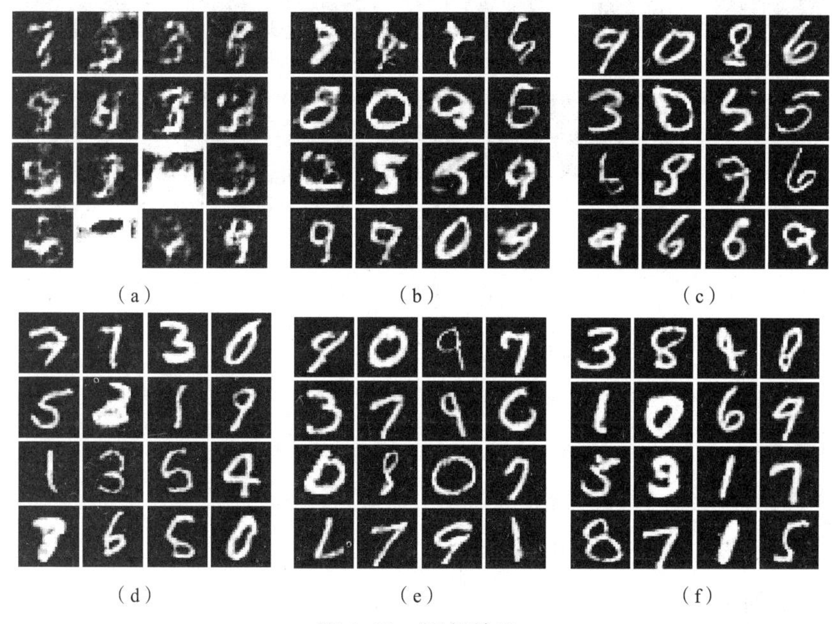

图 3-39 运行结果

小结

要想实现高水平科技自立自强，需加强基础研究。本章介绍了 PyTorch 深度学习基础，主要内容包括卷积神经网络、循环神经网络和生成对抗网络中常用的神经网络算法及其结构，以及对应的常用网络层的基本原理与实现方法，并通过实例介绍了使用

PyTorch 实现常用深度神经网络的构建和训练的方法。

实训 1　基于卷积神经网络的车型分类

1. 训练要点

（1）掌握卷积神经网络的结构。

（2）掌握卷积神经网络的构建方法。

2. 需求说明

数据集为包含 10 种车型的图像数据集，如图 3-40 所示，分为训练集、验证集和测试集 3 个文件夹。数据集的分类为：公交车、家用小汽车、消防车、重型卡车、吉普车、面包车、赛车、SUV、出租车、小型卡车。训练集中有 10 个文件夹，每个文件夹对应一类车型且文件夹名与车的类别名一一对应，每类有 140 张图像，每张图像大小为 1150 像素 × 800 像素。参考 3.1 节的步骤，利用卷积神经网络实现车型分类，包括导入相关库、数据加载与预处理、构建网络、训练网络和性能评估，要求尽可能准确地识别图像所对应的类别。

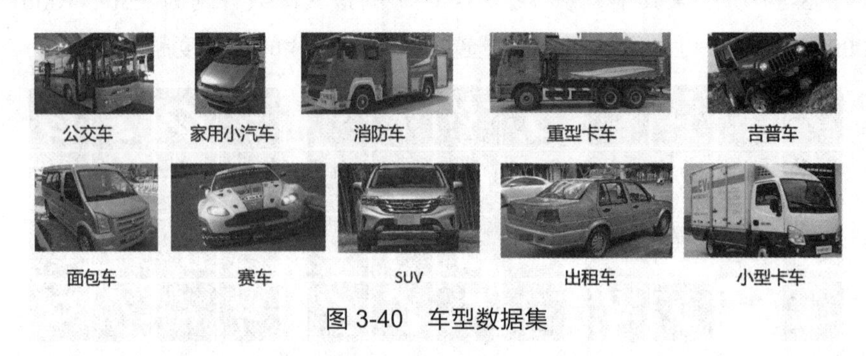

图 3-40　车型数据集

实训 2　基于循环神经网络的新闻分析

1. 训练要点

（1）掌握循环神经网络的结构。

（2）掌握循环神经网络的构建方法。

2. 需求说明

THUCNews（清华大学新闻数据集）是一个用于中文文本分类任务的大规模数据集，由清华大学自然语言处理与社会人文计算实验室（THUNLP）提供。该数据集由来自新浪新闻的文章组成，涵盖了包括财经、教育、科技等多个领域的内容。

THUCNews 数据集的主要特点如下。

（1）大规模数据集。THUCNews 数据集包含 74 万篇新闻文章，是一个相对较大型的中文文本数据集，有助于训练深度学习模型。

（2）文本类别丰富。数据集分为 14 个不同的新闻类别，包括财经、彩票、房产、游戏、娱乐等。

（3）数据源广泛。THUCNews 的新闻文章来自新浪网，具有一定的代表性和真实性。

利用循环神经网络基于 THUCNews 数据集实现新闻分类，参考 3.2 小节中的步骤，包括数据加载与预处理、构建网络、训练网络和性能评估。

实训 3 基于生成对抗网络的诗词生成

1. 训练要点

（1）掌握生成对抗网络的结构。

（2）掌握生成对抗网络的构建方法。

2. 需求说明

chinese-poetry 是一个开源的中文古诗词数据集，包含了大量的唐代和宋代的诗词作品，旨在通过数字化方式保存和传承中国古代文化遗产。该数据集的主要特点如下。

（1）数据量大。包含唐代和宋代诗人、词人共计约 33.6 万首诗词，这些诗词是 1.55 万人的作品，覆盖了多种题材和风格。

（2）丰富的元数据。每首诗词提供了详细的元数据，包括作者、创作时间、标题、体裁、韵律等信息，数据具有更加丰富的语义信息和可读性。

（3）数据格式统一。数据以 JSON 格式保存，统一了数据格式和结构，方便了数据的处理和利用。

（4）开源共享。该数据集是一个开源项目，可以在网上免费下载和使用，同时支持用户贡献和扩展。

使用 chinese-poetry 数据集训练搭建好的生成对抗网络，并得到一个网络模型，使得生成器模型能够根据给定的前半段诗句，自动生成符合古诗词格律和结构的后半段诗句。具体参考 3.3 小节中的步骤，包括数据加载与预处理、构建网络、训练网络，最后实现古诗词的自动生成。

课后习题

1. 选择题

（1）下面不属于卷积层基本参数的是（　　）。

A. 卷积核大小　B. 卷积核步长　C. 填充方式　D. 宽卷积

（2）下面不属于池化方法的是（　　）。

A. Max Pooling　　B. Average Pooling

C. Min Pooling　　D. Global Average Pooling

（3）下列哪一项在神经网络中引入了非线性？（　　）。

A. 随机梯度下降　　B. 修正线性单元（ReLU）

C. 卷积函数　　D. 以上都不正确

（4）下面哪项操作能实现跟神经网络中丢弃层类似的效果？（　　）。

A. Boosting　　B. Bagging　　C. Stacking　　D. Mapping

（5）输入图片大小为200×200，依次经过一层卷积（卷积核大小为5×5、填充值为1、步长为2），池化（卷积核大小为3×3、填充值为0、步长为1），又一层卷积（卷积核大小为3×3、填充值为1、步长为1）之后，输出特征图大小为（　　）。

A. 95　　B. 96　　C. 97　　D. 98

2. 操作题

观察以下序列：

01

0011

000111

00001111

……

可以发现，这些序列都只含有 0 和 1，序列长度并不相等，但在每条序列中 0 和 1 的个数是相等的。类似这样的序列可以用一个简单的数学表达式来表述这些“01”序列的通用规律，即 0^n1^n，其中 n 就是序列中 0 或者 1 的个数。这样的序列称为“上下文无关文法”（Context-Free Grammar）序列。所谓上下文无关文法，简单来说就是指可以被一组替代规则生成，而与本身所处的上下文（前后出现的字符）无关。

针对这种 0^n1^n 形式的上下文无关文法序列，只需要数出序列中 0 的个数 n，就可以知道 1 的个数。对一个通用的神经网络模型而言，要计算 0 或 1 的个数并不容易，因为它自身并没有计数器。它必须通过观察数据归纳总结，发明一种记忆系统从而能够“看出”0 和 1 之间的规律，并实现等价的计数功能。尤其是当 n 很大的时候，解决这个问题将非常困难。因为序列越长，模型对记忆系统的要求就越高。

请使用循环神经网络来生成 0^n1^n 形式的简单序列。

第4章 手写汉字识别

汉族、汉字、汉语，与汉朝有着非常密切的关系。后世的人们称融合了其他民族的华夏族为汉族。后来，汉族使用的语言和文字也被称为汉语、汉字。语言文字是中华优秀传统文化的重要载体，必须坚持中国特色社会主义文化发展道路，增强文化自信，围绕举旗帜、聚民心、育新人、兴文化、展形象建设社会主义文化强国。

为满足资源共享、信息传播的需要，大量的中文信息都需要在计算机上处理。因此，如何解决汉字录入的困难成为至关重要的问题。汉字识别的研发，为实现高速输入汉字的需求提供了支持。本章将介绍如何利用卷积神经网络实现手写汉字识别。

学习目标

（1）了解手写汉字识别的相关背景。
（2）掌握卷积神经网络的构建方法。
（3）掌握编译、训练网络的方法。
（4）掌握对模型进行性能评估、预测的方法。

4.1 目标分析

本节主要介绍手写汉字识别的相关背景和本案例的分析目标、相关流程和项目工程结构。

4.1.1 背景

1966年，国外的学者发表了第一篇关于汉字识别的论文，于是在全球范围内，掀起了一股印刷体汉字识别的浪潮。在1980年以前，汉字识别主要停留在探索和研发阶段，可以在理想情况下实现汉字识别，但适应性和抗干扰性比较差，难以推广使用。随着汉字识别技术的不断发展，以清华大学电子工程系为代表的多家单位基于传统的汉字识别方法，分别研制并开发出了实用的汉字识别系统。

手写汉字识别广泛应用于文件资料自动录入、机器翻译、图像文本的压缩存储等方面。汉字识别不但在实际应用方面十分常见，在理论研究方面也有重大意义。汉字的数量较大、形式较多，属于大类别的模式识别问题，同时汉字识别还涉及图像处理、人工智能等领域。不同于印刷体汉字识别，手写汉字由于不同的人有不同的写字风格，同一个字写出来的结果千差万别。因此，研究一个可以识别多种风格（正楷、草书、隶书等）的手写汉字的系统具有重要意义。

由于数据采集方式不同，手写汉字识别可以划分为联机手写汉字识别和脱机手写汉字识别两大类。联机手写汉字识别处理的手写文字是通过书写者使用物理设备，如数字笔、数字手写板或触摸屏在线书写获取的文字信号，书写的轨迹通过定时采样即时输入计算机中。

脱机手写汉字识别处理的手写文字是通过扫描仪或摄像头等图像捕捉设备采集到的手写文字二维图片。因此，联机和脱机手写汉字识别技术所采用的方法和策略不尽相同。联机手写汉字识别的识别对象是一系列的按时间先后排列的采样点信息，而脱机手写汉字识别的识别对象则是丢失了书写笔顺信息的二维像素信息。由于没有笔顺信息，且不同光照、分辨率和书写纸张等条件会对扫描设备产生一定的噪声干扰，所以一般来说，脱机手写汉字识别比联机手写汉字识别更加困难。

手写汉字识别是一个极具挑战性的模式识别及机器学习问题，主要困难如下。

（1）书写方式随意，不如印刷体规整。

（2）汉字字符级别比较繁杂，极具变化特点。

（3）诸多汉字在外形上相似，容易混淆。

（4）模型需要庞大的训练数据，但数据采集困难。特别是手写汉字具有随意性、无约束性，构建对应的数据集十分不易。

手写汉字识别仍有较大的进步空间。一般而言，传统的手写汉字识别系统主要包括数据预处理、特征提取和分类识别 3 部分。然而，近些年来，传统的手写汉字识别框架进步并不明显，几乎原地踏步。而深度学习的发展给手写汉字识别带来了新的机遇。实践证明，在深度学习技术协助下，联机手写汉字识别、脱机手写汉字识别的识别率都得到了提升。

4.1.2 分析目标

本案例利用手写汉字数据集和卷积神经网络，实现手写汉字识别，总体流程如图 4-1 所示，主要包括以下 6 个步骤。

（1）加载数据，包括生成图像集路径 TXT 文档，读取并变换图像数据格式。

（2）构建网络，即构建卷积神经网络 LeNet-5。

（3）编译网络，即设置优化器和损失函数。

（4）训练网络，即设置迭代次数并开始训练网络。

（5）性能评估，评估指标为测试集准确率。

（6）模型预测，加载保存好的模型并输入图像进行识别。

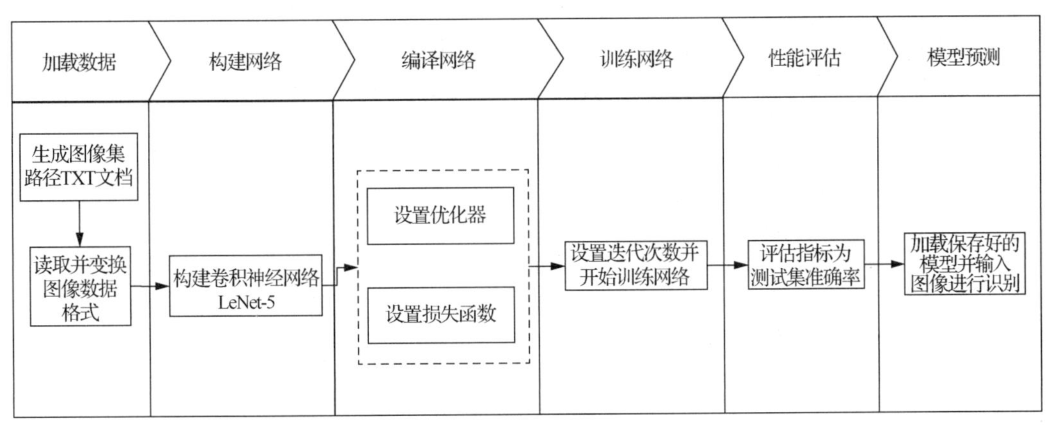

图 4-1 手写汉字识别流程

4.1.3 项目工程结构

本案例基于 PyTorch 1.8.1、CUDA 10.2 和 cuDNN 8.2.0 环境运行，其中 PyTorch 1.8.1 亦可以是 CPU 版本。

数据集来源于中国科学院自动化研究所制作的手写汉字数据集 HWDB1.1，该数据集包含 3755 个不同的汉字，共 112 万张汉字图像。本案例选取其中的 100 个汉字作为数据集。

项目目录包含 3 个文件夹，分别是 code、data 和 tmp。如图 4-2 所示。

所有原始数据，存放在 data 文件夹中，如图 4-3 所示。

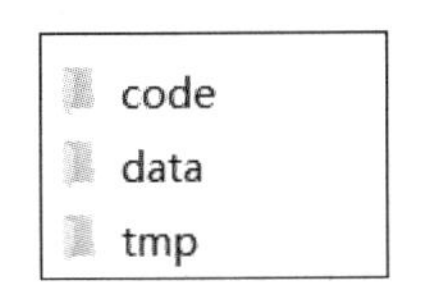

图 4-2 本案例的目录

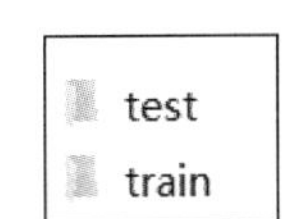

图 4-3 data 文件夹

测试集 test、训练集 train 文件夹中的图片存放形式如图 4-4 所示。

查看文件夹“00000”，如图 4-5 所示。

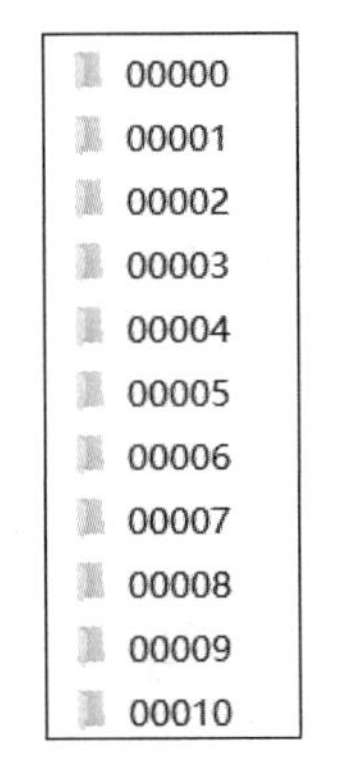

图 4-4 测试集 test、训练集 train 文件夹中的图片存放形式

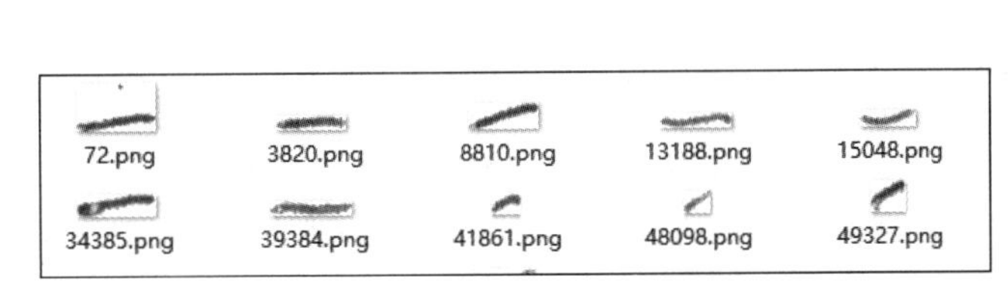

图 4-5 查看文件夹“00000”

所有的代码文件存放在 code 文件夹中，如图 4-6 所示。

输出文件存放在 tmp 文件夹中，如模型的权重，如图 4-7 所示。

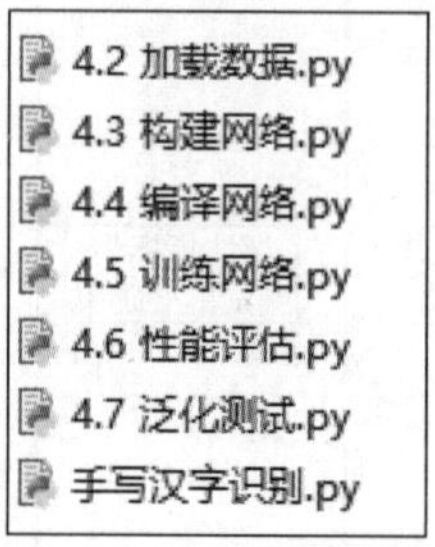

4.2 加载数据.py
4.3 构建网络.py
4.4 编译网络.py
4.5 训练网络.py
4.6 性能评估.py
4.7 泛化测试.py
手写汉字识别.py

图 4-6 code 文件夹

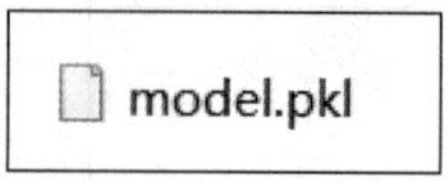

model.pkl

图 4-7 tmp 文件夹

4.2 加载数据

图像文件存放在 train 和 test 文件夹下的 100 个不同编号的文件夹中，在开始构建网络前需要读取这 100 个文件夹中的手写汉字图像。

4.2.1 定义生成图像集路径文档的函数

因为每个汉字的图像集都存放在对应的数字编号文件夹中，所以读取路径总共有 100 条。手动输入每个文件的路径需要极大的工作量，因此可以创建图像集路径的 TXT 文档，并通过遍历 TXT 文档中保存的路径读取图像。定义生成图像集路径文档的函数，如代码 4-1 所示。

代码 4-1 定义生成图像集路径文档的函数

```
import os
import torch
import torch.nn as nn
import torch.nn.functional as F
import torchvision.transforms as transforms
from torch.utils.data import DataLoader, Dataset
from PIL import Image


# 定义生成图像集路径文档的函数
def classes_txt(root, out_path, num_class=None):
    # 列出根目录下所有类别所在的文件夹名
    dirs = os.listdir(root)
    # 如不指定类别数量，则读取所有
```

```
    if not num_class:
        num_class = len(dirs)
    # 如果输出文件路径不存在就新建一个
    if not os.path.exists(out_path):
        f = open(out_path, 'w')
        f.close()
    # 如果文件中本来就有一部分内容，只需要补充剩余部分
    # 如果文件中数据的类别数比需要的多就跳过
    with open(out_path, 'r+') as f:
        try:
            end = int(f.readlines()[-1].split('/')[-2]) + 1
        except:
            end = 0
        if end < num_class - 1:
            dirs.sort()
            dirs = dirs[end:num_class]
            for dir in dirs:
                files = os.listdir(os.path.join(root, dir))
                for file in files:
                    f.write(os.path.join(root, dir, file) + '\n')
```

4.2.2 定义读取并转换图像数据格式的类

定义读取并变换图像数据格式的类，如代码 4-2 所示。运行该类会打开 classes_txt 函数（图像集路径文档的生成函数）所生成的 TXT 文档，并根据文档中的图像路径将图像数据导入，最后转换导入的图像数据的格式，将图像数据转为 PyTorch 形式的张量，使其符合网络的输入要求。

其中__init__()方法的主要作用是初始化类中的变量。__init__()方法的第一个参数为 self，表示指向创建的实例本身，其他参数可以自定义。

代码 4-2 定义读取并变换图像数据格式的类

```
# 定义读取并变换图像数据格式的类
class MyDataset(Dataset):

    def __init__(self, txt_path, num_class, transforms=None):
        super().__init__()
```

```
        # 存储图像的路径
        images = []
        # 图像的类别名，在本例中是汉字
        labels = []
        # 打开上一步生成的 TXT 文档
        with open(txt_path, 'r') as f:
            for line in f:
                # 只读取前 num_class 个类
                if int(line.split('\\')[-2]) >= num_class:
                    break
                line = line.strip('\n')
                images.append(line)
                labels.append(int(line.split('\\')[-2]))
        self.images = images
        self.labels = labels
        # 图像需要进行的格式转换
        self.transforms = transforms

    def __getitem__(self, index):
        # 用 PIL.Image 读取图像
        image = Image.open(self.images[index]).convert('RGB')
        label = self.labels[index]
        if self.transforms is not None:
            # 进行格式转换
            image = self.transforms(image)
        return image, label

    def __len__(self):
        return len(self.labels)
```

4.2.3 加载图像数据

完成函数和类的定义后，需要初始化函数和类，并在初始化的过程中传入参数，如数据集路径、图像数据格式转换的方法、读入图像的数量等。加载图像数据，如代码 4-3 所示。

代码 4-3 加载图像数据

```
# 首先将训练集和测试集文件保存在一个文件夹中，路径自行定义
root = '../data'  # 文件的存储位置
classes_txt(root + '/train', root + '/train.txt')
classes_txt(root + '/test', root + '/test.txt')

# 由于数据集图片大小不一，因此要进行 resize（重设大小）
# 将图片大小重设为 64 × 64
device = torch.device('cuda' if torch.cuda.is_available() else 'cpu')
transform = transforms.Compose([transforms.Resize((64,64)),
                                transforms.Grayscale(),
                                transforms.ToTensor()])

# 提取训练集和测试集图片的路径生成 TXT 文件
# num_class 选取 100 种汉字，提取图片和标签
train_set = MyDataset(root + '/train.txt',
                      num_class=100,
                      transforms=transform)
test_set = MyDataset(root + '/test.txt',
                     num_class =100,
                     transforms = transform)
# 放入迭代器中
train_loader = DataLoader(train_set, batch_size=50, shuffle=True)
test_loader = DataLoader(test_set, batch_size=5473, shuffle=True)
# 这里的 5473 是因为测试集为 5973 张图片，当迭代时取第二批 500 张图片进行测试
for step, (x, y) in enumerate(test_loader):
    test_x, labels_test = x.to(device), y.to(device)
```

4.3 构建网络

本案例构建卷积神经网络进行手写汉字识别，如代码 4-4 所示，网络包括 2 个卷积层、2 个池化层和 3 个全连接层。在 MYNET 类中，__init__()方法用于初始化网络，forward()方法用于设置数据在网络中的传播路径，构建完成后即可查看网络结构。

代码 4-4 构建卷积神经网络

```
# 构建网络
import torch
import torch.nn as nn
import torch.nn.functional as F
from torchsummary import summary

class MYNET(nn.Module):

    def __init__(self):
        super(MYNET, self).__init__()
        # 3个参数分别是输入通道数、输出通道数、卷积核大小
        self.conv1 = nn.Conv2d(1, 6, 3)
        self.conv2 = nn.Conv2d(6, 16, 5)
        self.pool = nn.MaxPool2d(2, 2)
        self.fc1 = nn.Linear(2704, 512)
        self.fc2 = nn.Linear(512, 84)
        self.fc3 = nn.Linear(84, 100)

    def forward(self, x):
        x = self.pool(F.relu(self.conv1(x)))
        x = self.pool(F.relu(self.conv2(x)))
        x = x.view(-1, 2704)
        x = F.relu(self.fc1(x))
        x = F.relu(self.fc2(x))
        x = self.fc3(x)
        return x

# 查看网络结构
device = torch.device('cuda' if torch.cuda.is_available() else 'cpu')
model = MYNET().to(device)
summary(model, (1, 64, 64))
```

代码 4-4 的输出结果如下。从 Layer 列中可以查看所构建网络的结构，可以看出构建的网络共有 7 层，与 forward()方法的初始化结构一致。网络构建的思路是，通过 2 个

卷积层和 2 个池化层的组合提取图像特征和降低特征维度；通过 3 个全连接层整合提取的特征。从 Output Shape 列中可以查看每层网络输出数据的维度。从 Param 列中可以查看每层网络的参数个数。

```
----------------------------------------------------------------
        Layer (type)               Output Shape         Param #
================================================================
            Conv2d-1            [-1, 6, 62, 62]              60
         MaxPool2d-2            [-1, 6, 31, 31]               0
            Conv2d-3           [-1, 16, 27, 27]           2,416
         MaxPool2d-4           [-1, 16, 13, 13]               0
            Linear-5                  [-1, 512]       1,384,960
            Linear-6                   [-1, 84]          43,092
            Linear-7                  [-1, 100]           8,500
================================================================
Total params: 1,439,028
Trainable params: 1,439,028
Non-trainable params: 0
----------------------------------------------------------------
Input size (MB): 0.02
Forward/backward pass size (MB): 0.33
Params size (MB): 5.49
Estimated Total Size (MB): 5.84
----------------------------------------------------------------
```

4.4 编译网络

编译网络主要包含设置优化器和损失函数两个步骤。本案例选用较为基础的 Adam 优化器，并将学习率设置为 0.001，如代码 4-5 所示。

代码 4-5　设置优化器

```
# 优化器
optimizer = torch.optim.Adam(model.parameters(), lr=0.001)
```

由于手写汉字识别属于分类任务，即将图像分类到 1～100 中，因此选用 CrossEntropyLoss 函数，如代码 4-6 所示。

代码 4-6 设置损失函数

```
loss_func = nn.CrossEntropyLoss()
```

4.5 训练网络

在网络的训练过程中，将迭代次数设置为 3，即样本总体输入模型 3 次。需要注意的是，每完成一个批量的训练后都会执行一次清空梯度和反向传播计算，从而得到每个参数的梯度值并更新参数。训练网络如代码 4-7 所示。

代码 4-7 训练网络

```
# 训练网络
EPOCH = 3
for epoch in range(EPOCH):
    for step, (x, y) in enumerate(train_loader):
        picture, labels = x.to(device), y.to(device)
        output = model(picture)
        loss = loss_func(output, labels)
        optimizer.zero_grad()
        loss.backward()
        optimizer.step()
```

4.6 性能评估

为了观察网络的训练效果，在每完成 50 个批量的训练后，调用模型对测试集进行测试，并输出模型在训练集中的损失和测试集中的准确率。性能评估如代码 4-8 所示。

代码 4-8 性能评估

```
# 训练网络
EPOCH = 3
for epoch in range(EPOCH):
    for step, (x, y) in enumerate(train_loader):
        picture, labels = x.to(device), y.to(device)
        output = model(picture)
        loss = loss_func(output, labels)
        optimizer.zero_grad()
        loss.backward()
```

```
        optimizer.step()


        # 性能评估
        if step % 50 == 0:
            test_output = model(test_x)
            pred_y = torch.max(test_output, 1)[1].data.squeeze()
            accuracy = ((pred_y == labels_test).sum().item() /
                         labels_test.size(0))
            # 输出迭代次数、训练损失、测试准确率
            print('迭代次数:', epoch,
                  '| 训练损失:%.4f' % loss.data,
                  '| 测试准确率:', accuracy)

print('完成训练')
```

代码 4-8 的输出结果如下。

```
迭代次数: 0 | 训练损失:4.6081 | 测试准确率: 0.008
迭代次数: 0 | 训练损失:4.5433 | 测试准确率: 0.020333333333333333
迭代次数: 0 | 训练损失:4.1579 | 测试准确率: 0.059666666666666666
……
迭代次数: 1 | 训练损失:0.2202 | 测试准确率: 0.8023333333333333
迭代次数: 1 | 训练损失:0.3154 | 测试准确率: 0.788
迭代次数: 1 | 训练损失:0.1736 | 测试准确率: 0.8063333333333333
……
迭代次数: 2 | 训练损失:0.0000 | 测试准确率: 0.8505526189332052
迭代次数: 2 | 训练损失:0.0275 | 测试准确率: 0.8481499279192696
迭代次数: 2 | 训练损失:0.1595 | 测试准确率: 0.8438250840941854
迭代次数: 2 | 训练损失:0.0001 | 测试准确率: 0.8471888515136954
```

从输出结果可以看出，迭代训练完成后，模型的训练损失基本保持在一个较低的状态，但是也存在一个高达 0.1595 的损失，造成该情况的原因可能是某些汉字看起来较为类似。模型在测试集中的准确率为 85%左右。

最后保存模型的权重（保存模型即保存模型的权重），如代码 4-9 所示。

代码 4-9 保存模型的权重

```
# 保存模型
torch.save(model.state_dict(), '../tmp/model.pkl')
```

4.7 模型预测

调用保存的模型，并识别一张手写汉字图像，如代码 4-10 所示。输入的图像位于 test 文件夹下的 00008 文件夹中，即该图像标签为 8。

代码 4-10 模型预测

```
# 测试图像处理
transform = transforms.Compose([transforms.Resize((64, 64)),
                                transforms.Grayscale(),
                                transforms.ToTensor()])

# 加载模型
model = MYNET()
model.load_state_dict(torch.load('../tmp/model.pkl'))
model.eval()

# 输入图像并识别
img = Image.open('../data/test/00008/816.png')
img = transform(img)
img = img.view(1, 1, 64, 64)
output = model(img)
_, prediction = torch.max(output, 1)
prediction = prediction.numpy()[0]
print(prediction)
```

代码 4-10 的输出结果如下，与标签相符，识别正确。

```
8
```

小结

在本章中展示了如何在 PyTorch 框架下构建卷积神经网络进行手写汉字识别。首先需要加载手写汉字图像数据，然后构建卷积神经网络，接下来设置优化器和损失函数，最后训练网络并对训练好的模型进行性能评估和预测。本案例只使用了含 100 个汉字的数据集，大家可以根据计算机配置和自身需求增加汉字数据集的个数。

实训 手写中文数字识别

1. 训练要点

掌握卷积神经网络的构建方法。

2. 需求说明

手写中文数字数据集主要包含 15 种手写中文数字，共计 100 名志愿者参加了数据的收集。该数据集总共包含 15000 张图像，每张图像代表一组 15 种手写中文数字中的一个数字。利用手写中文数字数据集，参考第 4 章的步骤，构建卷积神经网络实现手写中文数字识别。

课后习题

现要求提高第 4 章模型在测试集的准确率，方法如下。

（1）修改 4.3 节中的网络结构。

（2）修改 4.4 节中优化器学习率的大小。

（3）修改 4.5 节中迭代次数的大小。

第5章 文本生成

文本生成是自然语言处理中一个重要的研究领域，具有广阔的应用前景。国内外已经投入使用的有诸如自动洞察（Automated Insights）、叙事科学（Narrative Science）以及“小南”机器人和“小明”机器人等文本生成系统。这些文本生成系统根据格式化数据或自然语言文本生成新闻、财报或其他解释性文本，例如，2017年写稿机器人“小南”正式上岗，并推出第一篇300余字的春运报道。目前小南的写作平台开通了消费、路况、天气、赛事、财经、春运和AI简报等频道。本章将实现基于LSTM网络的文本生成。

学习目标

（1）了解文本生成的背景及目标。
（2）熟悉文本生成的具体流程。
（3）掌握文本预处理的方法。
（4）掌握构建LSTM网络的方法。
（5）掌握训练LSTM网络的方法。

5.1 目标分析

本节主要介绍文本生成的相关背景、运用领域，以及本案例的分析目标、相关流程和项目工程结构。

5.1.1 背景

文本生成是自然语言处理领域的一个重要研究方向，实现文本生成也是人工智能技术走向成熟的一个重要体现。文本生成的目的是让计算机能够像人类一样“写作”，并撰写出高质量的文本。文本生成技术极具应用前景，例如，文本生成技术可以应用于智能问答与对话、机器翻译等系统，实现更加智能、自然的人机交互；也可以通过文本生成系统自动撰写与发布新闻，给新闻传媒带来新一轮的革命。

按照不同的输入划分，文本生成包括文本到文本的生成（Text-to-Text Generation）、意义到文本的生成（Meaning-to-Text Generation）、数据到文本的生成（Data-to-Text Generation）和图像到文本的生成（Image-to-Text Generation）等。我国在自然语言处理与人工智能领域均有相当多的前沿研究，近几年已产生了若干具有国际影响力的成果与应用。

本章的文本生成属于文本到文本的生成，用于训练网络的数据是 book.txt 文件，该文件的内容是《老人与海》（*The Old Man and the Sea*），是全英文的文本文档。

5.1.2　分析目标

利用 book.txt 文件，实现让网络生成文本。

本案例的总体流程如图 5-1 所示，主要包括以下 4 个步骤。

（1）文本预处理，对读取的文本数据进行处理、创建字典和生成序列。

（2）构建网络，定义文本生成类的构造方法、初始化权重以及构建网络模型（设置数据在网络中的流动方向）。

（3）训练网络，设置配置项、执行训练并定义文本生成器。

（4）结果分析，观察并分析生成的文本。

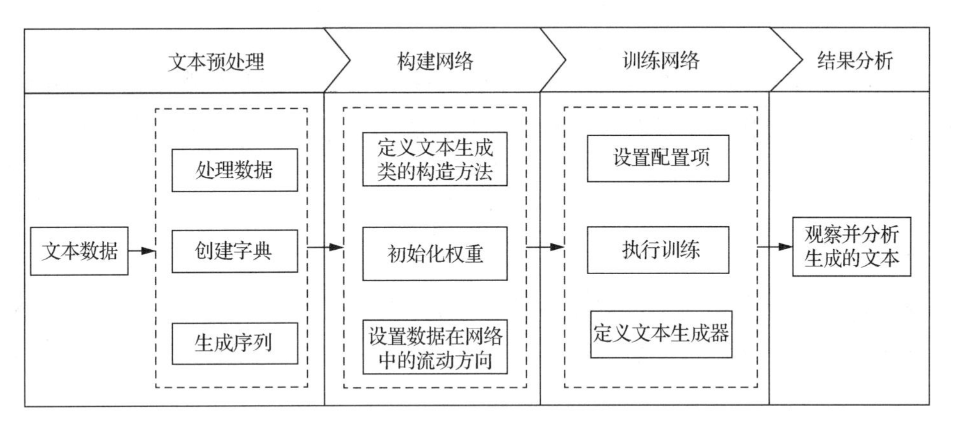

图 5-1　文本生成流程

5.1.3　项目工程结构

本案例基于 PyTorch 1.8.1、CUDA 10.2 和 cuDNN 8.2.0 环境运行，其中 PyTorch 1.8.1 亦可以是 CPU 版本。

本案例用的数据集是 book.txt，整个文件有 464 行，词汇量较为丰富。

项目目录包含 3 个文件夹，分别是 code、data 和 tmp，如图 5-2 所示。

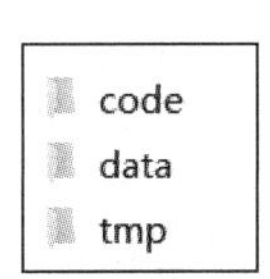

图 5-2　本案例的项目目录

所有的代码文件存放在 code 文件夹中，如图 5-3 所示。

所有原始数据存放在 data 文件夹中，如图 5-4 所示。

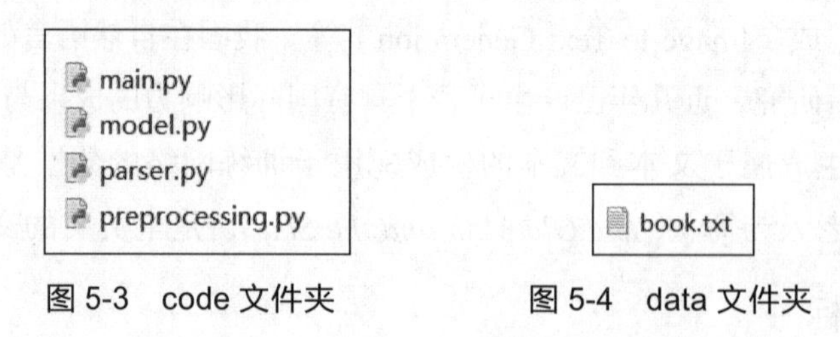

图 5-3　code 文件夹　　图 5-4　data 文件夹

输出文件存放在 tmp 文件夹中，该文件夹在本案例中存放的是模型的权重，如图 5-5 所示。

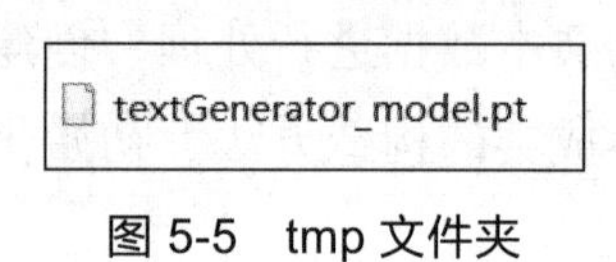

图 5-5　tmp 文件夹

5.2 文本预处理

文本预处理首先要把每个英文字母转换成小写形式，筛选字母和空格并转换为字符列表；然后使用字典构建字符列表到数字向量的映射；最后生成字符列表序列，并输入网络中。

5.2.1 处理数据

本案例使用的英文文本中包含大写字母、小写字母、换行符、标点符号等。因此需要统一文本的形式，从而方便后续的处理。统一形式的文本也能有效减少训练网络所需的时间。

以“The train rushed down the hill”为例，文本在加载和预处理后的效果如图 5-6 所示。

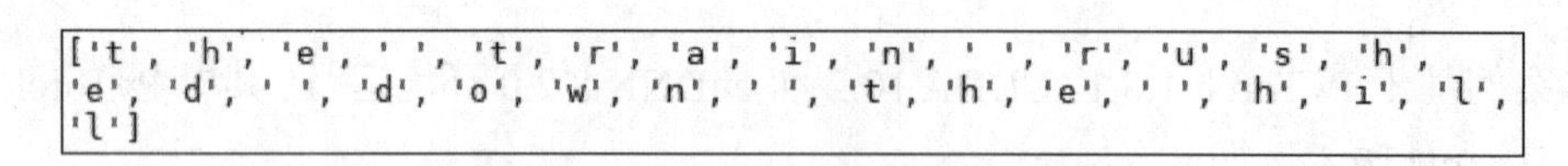

```
['t', 'h', 'e', ' ', 't', 'r', 'a', 'i', 'n', ' ', 'r', 'u', 's', 'h',
'e', 'd', ' ', 'd', 'o', 'w', 'n', ' ', 't', 'h', 'e', ' ', 'h', 'i', 'l',
'l']
```

图 5-6　文本在加载和预处理后的效果

由图 5-6 和预处理前的句子可知，处理数据包括以下 3 个步骤。

（1）读取原始文件并将其中的大写字母转换为小写字母。

（2）创建一个包含整个文本的字符串，并生成一个字符列表。

（3）仅保留字符列表中的小写字母和空格。

处理文本数据，如代码 5-1 所示。

代码 5-1 处理文本数据

```
import numpy as np

class Preprocessing:

    @staticmethod
    def read_dataset(file):

        letters = ['a','b','c','d','e','f','g','h','i','j','k','l','m',
                   'n','o','p','q','r','s','t','u','v','w','x','y','z',' ']
        # 打开原始文件
        with open(file, 'r', encoding='utf-8') as f:
            raw_text = f.readlines()

        # 将每一行字母都转换为小写
        raw_text = [line.lower() for line in raw_text]

        # 创建一个包含整个文本的字符串
        text_string = ''
        for line in raw_text:
            text_string += line.strip()

        # 创建一个字符数组
        text = list()
        for char in text_string:
            text.append(char)

        # 去掉所有的符号，只保留字母
        text = [char for char in text if char in letters]

        return text
```

5.2.2 创建字典

处理文本数据已经加载了文本并将数据以字符列表的形式存储，但是神经网络并不能直接处理字符列表，还需要将字符列表转为网络可读的向量形式。因此创建了“char_to_idx”和“idx_to_char”两个字典对字符进行编码和解码。创建字典如代码 5-2 所示。

代码 5-2 创建字典

```
@staticmethod
def create_dictionary(text):

    char_to_idx = dict()
    idx_to_char = dict()

    idx = 0
    for char in text:
        if char not in char_to_idx.keys():
            # 创建字典
            char_to_idx[char] = idx
            idx_to_char[idx] = char
            idx += 1

    print('Vocab: ', len(char_to_idx))
    return char_to_idx, idx_to_char
```

5.2.3 生成序列

生成序列的方式完全取决于构建的网络的结构。在本案例中，使用的是 LSTM 类型的神经网络，该神经网络按顺序（时间步长）接收数据。

因为神经网络输入层的神经元个数在训练时不可变更，所以要求网络的输入必须具有相同的维度。因此，需要使用一个固定大小的“窗口”在字符列表上滑动，从而形成固定长度的序列。每个序列将由窗口中的字符组成，若窗口的大小为 4，则每个序列将包含 4 个字符，需要预测的字符（标签）为窗口后的第一个字符，如图 5-7 所示。

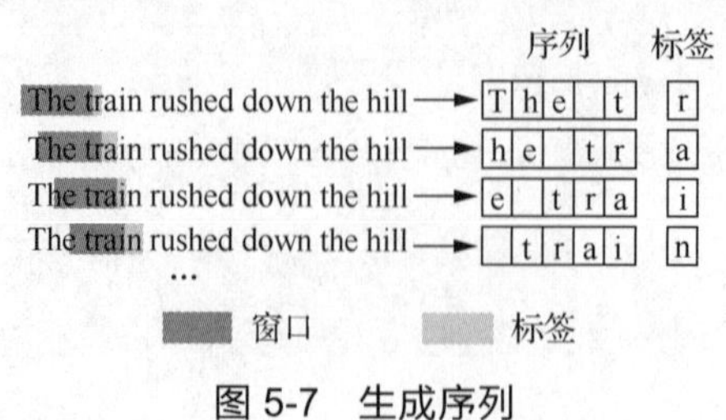

图 5-7 生成序列

通过生成序列，可以以一种简单的方式生成固定长度的字符序列，从而满足网络输入需有相同维度的要求。然后需要将每个字符转换为数字格式，即字符编码，为此将使用 5.2.2 节中创建的字典。序列编码的过程如图 5-8 所示。

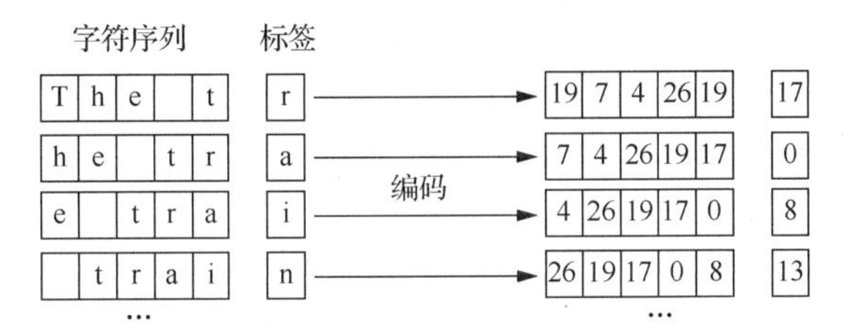

图 5-8 序列编码的过程

在定义生成序列的函数时，可以使序列生成与编码同时进行，如代码 5-3 所示。

代码 5-3 定义生成序列的函数

```
@staticmethod
def build_sequences_target(text, char_to_idx, window):
    x = list()
    y = list()

    for i in range(len(text)):
        try:
            # 从文本中获取字符窗口
            # 将其转换为 idx 表示
            sequence = text[i: i + window]
            sequence = [char_to_idx[char] for char in sequence]

            # 得到 target
            # 转换到它的 idx 表示
            target = text[i+window]
            target = char_to_idx[target]


            # 保存 sequence 和 target
            x.append(sequence)
            y.append(target)
        except:
            pass

    x = np.array(x)
```

```
    y = np.array(y)

    return x, y
```

5.3 构建网络

LSTM 网络在处理顺序数据时具有巨大的潜力，例如文本类型的数据。因此本案例使用的是双向长短时记忆（Bi-LSTM）网络和标准长短时记忆（LSTM）网络，网络结构主要由一个嵌入层、一个 Bi-LSTM 层和一个 LSTM 层组成，并在 LSTM 层后连接一个全连接层用于输出。

在构建的网络中，首先将每个字符（b、e、a、r）编码后的序列传递到嵌入层，使每个元素生成向量形式的表示，得到一个嵌入字符序列。然后，嵌入字符序列的每个元素都将被传递到 Bi-LSTM 层，同时将 Bi-LSTM 层中的 LSTM 神经元（前向 LSTM 层和反向 LSTM 层）的每个输出串联。紧接着，前向+反向串联的 Bi-LSTM 层得到的向量将被合并，并被传递到 LSTM 层。最后，一个隐藏状态将从 LSTM 层传递给全连接层，并使用 Softmax 函数作为激活函数，得到序列后每个英文字母和空格出现的概率。主要的网络结构如图 5-9 所示。

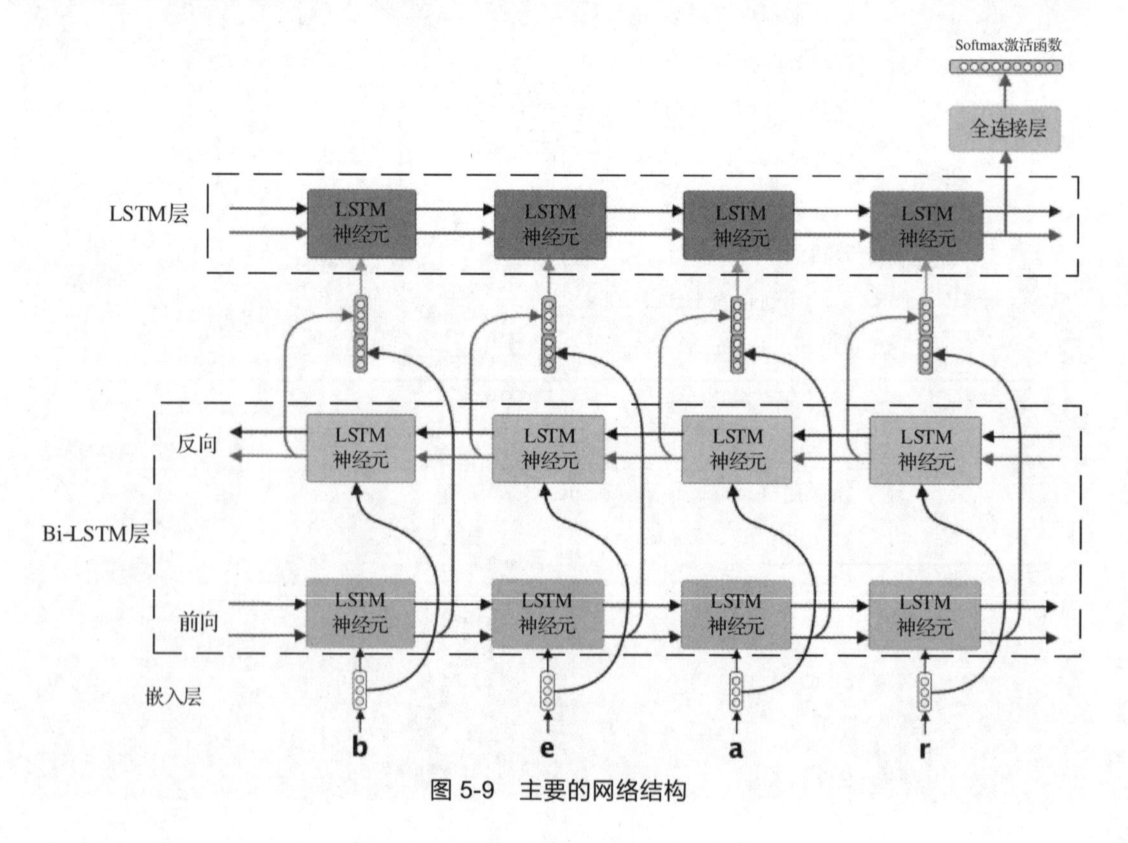

图 5-9 主要的网络结构

标准LSTM网络和Bi-LSTM网络的关键区别在于Bi-LSTM网络由两个LSTM层组成，这两个LSTM层通常被称为“前向LSTM层”和“反向LSTM层”。前向LSTM层以原始顺序接收序列，而反向LSTM层接收与原始顺序完全相反的序列。随后，根据要执行的操作，两个LSTM层的每个时间步的每个隐藏状态都可以被连接起来，或只对两个LSTM层的最后一个状态进行操作。

5.3.1 定义文本生成类的构造方法

文本生成类的构造方法首先定义用于初始化神经网络每一层的参数。需要注意的是，输入数据的大小（input_size）等于词汇表的大小（字典在预处理过程中生成的元素的数量）。待预测的类的数量也与词汇表的大小相同，即判断序列后生成的英文字母或判断是否为空格。

其次定义初始化网络时需要使用的网络层，例如，组成Bi-LSTM层的两行LSTM神经元（前向、反向）。在LSTM网络的初始化中可知，LSTM层的神经元个数是Bi-LSTM层的两倍，这是因为LSTM层将同时接收Bi-LSTM层中前向与反向的输出。最后定义全连接层用于整合LSTM层中的输出。

定义文本生成类的构造方法如代码5-4所示。

代码5-4 定义文本生成类的构造方法

```
import numpy as np
import torch
import torch.nn as nn
import torch.nn.functional as F

class TextGenerator(nn.ModuleList):

    def __init__(self, args, vocab_size):
        super(TextGenerator, self).__init__()

        self.batch_size = args.batch_size
        self.hidden_dim = args.hidden_dim
        self.input_size = vocab_size
        self.num_classes = vocab_size
        self.sequence_len = args.window

        # 丢弃层
```

```
        self.dropout = nn.Dropout(0.25)

        # 嵌入层
        self.embedding = nn.Embedding(self.input_size, self.hidden_dim,
padding_idx=0)

        # Bi-LSTM 层
        # 前向和反向
        self.lstm_cell_forward = nn.LSTMCell(self.hidden_dim,
self.hidden_dim)
        self.lstm_cell_backward = nn.LSTMCell(self.hidden_dim,
self.hidden_dim)

        # LSTM 层
        self.lstm_cell = nn.LSTMCell(self.hidden_dim * 2, self.hidden_dim * 2)

        # 全连接层
        self.linear = nn.Linear(self.hidden_dim * 2, self.num_classes)
```

5.3.2 初始化权重

完成了构造方法的定义后，需要初始化每个 LSTM 层的权重。首先根据输入数据的大小和神经元的个数创建全 0 张量，然后初始化张量作为网络的权重，如代码 5-5 所示。

代码 5-5 初始化权重

```
# Bi-LSTM 层
# hs = [batch_size, hidden_size]
# cs = [batch_size, hidden_size]
hs_forward = torch.zeros(x.size(0), self.hidden_dim)
cs_forward = torch.zeros(x.size(0), self.hidden_dim)
hs_backward = torch.zeros(x.size(0), self.hidden_dim)
cs_backward = torch.zeros(x.size(0), self.hidden_dim)

# LSTM 层
# hs = [batch_size×(hidden_size * 2)]
# cs = [batch_size×(hidden_size * 2)]
```

```
hs_lstm = torch.zeros(x.size(0), self.hidden_dim * 2)
cs_lstm = torch.zeros(x.size(0), self.hidden_dim * 2)

# 初始化权重
torch.nn.init.kaiming_normal_(hs_forward)
torch.nn.init.kaiming_normal_(cs_forward)
torch.nn.init.kaiming_normal_(hs_backward)
torch.nn.init.kaiming_normal_(cs_backward)
torch.nn.init.kaiming_normal_(hs_lstm)
torch.nn.init.kaiming_normal_(cs_lstm)
```

5.3.3 设置数据在网络中的流动方向

在完成了构造方法的定义以及权重的初始化后，即可开始网络的构建。构建网络的关键在于设置数据在网络中的流动方向，其中前向 LSTM 层和反向 LSTM 层的输出被添加到 forward 列表和 backward 列表中。循环两个列表中的所有元素，将相同索引的元素合并以作为 LSTM 层的输入。

构建网络如代码 5-6 所示。

代码 5-6 构建网络

```
def forward(self, x):
    # Bi-LSTM层
    # hs = [batch_size×hidden_size]
    # cs = [batch_size×hidden_size]
    hs_forward = torch.zeros(x.size(0), self.hidden_dim)
    cs_forward = torch.zeros(x.size(0), self.hidden_dim)
    hs_backward = torch.zeros(x.size(0), self.hidden_dim)
    cs_backward = torch.zeros(x.size(0), self.hidden_dim)

    # LSTM层
    # hs = [batch_size×(hidden_size * 2)]
    # cs = [batch_size×(hidden_size * 2)]
    hs_lstm = torch.zeros(x.size(0), self.hidden_dim * 2)
    cs_lstm = torch.zeros(x.size(0), self.hidden_dim * 2)

    # 初始化权重
```

```
    torch.nn.init.kaiming_normal_(hs_forward)
    torch.nn.init.kaiming_normal_(cs_forward)
    torch.nn.init.kaiming_normal_(hs_backward)
    torch.nn.init.kaiming_normal_(cs_backward)
    torch.nn.init.kaiming_normal_(hs_lstm)
    torch.nn.init.kaiming_normal_(cs_lstm)

    # 从 idx 到 embedding
    out = self.embedding(x)

    # 为 LSTM 层准备数据形状
    out = out.view(self.sequence_len, x.size(0), -1)

    forward = []
    backward = []

    # 解开 Bi-LSTM 层
    # 前向传播
    for i in range(self.sequence_len):
        hs_forward, cs_forward = self.lstm_cell_forward(out[i],
(hs_forward, cs_forward))
        forward.append(hs_forward)
    # 反向传播
    for i in reversed(range(self.sequence_len)):
        hs_backward, cs_backward = self.lstm_cell_backward(out[i],
(hs_backward, cs_backward))
        backward.append(hs_backward)

    # LSTM 层
    for fwd, bwd in zip(forward, backward):
        input_tensor = torch.cat((fwd, bwd), 1)
        hs_lstm, cs_lstm = self.lstm_cell(input_tensor, (hs_lstm, cs_lstm))

    # 最后一个隐藏状态通过全连接层
```

```
    out = self.linear(hs_lstm)

    return out
```

5.4 训练网络

由 5.3 节构建网络的过程可知，网络的权重已经被初始化了。而影响网络输出的一个主要因素便是网络的权重，因此需要通过训练网络来修正权重，从而使得输出的预测值逼近真实值。在本案例中，训练网络主要包括以下 3 个步骤。

（1）设置配置项。

（2）执行训练。

（3）定义文本生成器。

5.4.1 设置配置项

网络训练的速度和最终效果与配置项的设置有着不可分割的关系，需要设置的配置项包括训练周期、学习率、隐藏层神经元个数、批量大小、模型加载和保存的路径等。设置配置项如代码 5-7 所示。

代码 5-7 设置配置项

```
import argparse

def parameter_parser():
    parser = argparse.ArgumentParser(description = 'Text Generation')
    parser.add_argument('--epochs', dest='num_epochs', type=int, default=
100)
    parser.add_argument('--learning_rate', dest='learning_rate',
type=float, default=0.001)
    parser.add_argument('--hidden_dim', dest='hidden_dim', type=int,
default=128)
    parser.add_argument('--batch_size', dest='batch_size', type=int,
default=128)
    parser.add_argument('--window', dest='window', type=int, default=100)
    parser.add_argument('--load_model', dest='load_model', type=bool,
default=False)
    parser.add_argument('--model', dest='model', type=str, default=
```

```
'../tmp/textGenerator.pt')
    args = parser.parse_args(args=[])
    return args
```

5.4.2 执行训练

为了执行训练，需要初始化网络、优化器和设置损失函数等，如代码 5-8 所示。在网络训练过程中，需要保存神经网络的权重，以便以后的调用以及文本生成。常见的权重保存方式有两种，第一种是定义一个固定的周期，在每个周期后保存权重；第二种是确定一个停止条件，例如，当损失的变化小于某个阈值时，停止训练并保存权重。在本案例中，网络将在进行一定次数的训练后保存权重。

代码 5-8 执行训练

```
import os
import numpy as np
import torch
import torch.nn as nn
import torch.optim as optim
import torch.nn.functional as F
from torch.utils.data import Dataset
from torch.utils.data import DataLoader

class Execution:

    def __init__(self, args):
        self.file = '../data/book.txt'
        self.window = args.window
        self.batch_size = args.batch_size
        self.learning_rate = args.learning_rate
        self.num_epochs = args.num_epochs

        self.targets = None
        self.sequences = None
        self.vocab_size = None
        self.char_to_idx = None
        self.idx_to_char = None
```

```
    def prepare_data(self):
        # 初始化预处理器对象
        preprocessing = Preprocessing()
        # 加载“文件”并按字符分割
        text = preprocessing.read_dataset(self.file)
        # 给定“文本”，创建两个字典
        # 从字符到索引
        # 从索引到索引
        self.char_to_idx, self.idx_to_char = preprocessing.create_
dictionary(text)
        # 给定“窗口”，它可用于创建训练语句集以及目标字符集
        self.sequences, self.targets = preprocessing.build_sequences_target(
                                    text, self.char_to_idx, window=self.window)
        # 获取词汇量大小
        self.vocab_size = len(self.char_to_idx)

    def train(self, args):
        # 初始化网络
        model = TextGenerator(args, self.vocab_size)
        # 初始化优化器
        optimizer = optim.RMSprop(model.parameters(), lr=self.learning_rate)
        # 定义批数
        num_batches = int(len(self.sequences) / self.batch_size)
        # 训练网络
        model.train()
        # 训练阶段
        for epoch in range(self.num_epochs):
            # 小批量
            for i in range(num_batches):
                # 定义批
                try:
                    x_batch = self.sequences[i * self.batch_size :
(i + 1) * self.batch_size]
```

```
                    y_batch = self.targets[i * self.batch_size : (i + 
1) * self.batch_size]
                except:
                    x_batch = self.sequences[i * self.batch_size :]
                    y_batch = self.targets[i * self.batch_size :]

                # NumPy 数组转换为 Torch 张量
                x = torch.from_numpy(x_batch).type(torch.LongTensor)
                y = torch.from_numpy(y_batch).type(torch.LongTensor)

                # 输入数据
                y_pred = model(x)
                # 损失计算
                loss = F.cross_entropy(y_pred, y.squeeze())
                # 清除梯度
                optimizer.zero_grad()
                # 反向传播
                loss.backward()
                # 更新参数
                optimizer.step()

            print('Epoch: %d,  loss: %.5f ' % (epoch, loss.item()))

        # 保存权重
        torch.save(model.state_dict(), '../tmp/textGenerator_model.pt')
```

5.4.3 定义文本生成器

完成模型的训练后即可开始定义文本生成器进行文本生成，如代码 5-9 所示。在文本生成的过程中，首先需要加载训练完毕的模型权重，然后从序列集合中抽取一个序列作为生成器输入，文本生成器将在序列后生成给定数量的字符。

代码 5-9 定义文本生成器

```
@staticmethod
def generator(model, sequences, idx_to_char, n_chars):
    # 评估模式
```

```
model.eval()

# 定义 Softmax 函数
softmax = nn.Softmax(dim=1)

# 从序列集合中随机选取索引
start = np.random.randint(0, len(sequences) - 1)

# 给定随机的索引来定义模式
pattern = sequences[start]

# 利用字典输出 Pattern
print('\nPattern: \n')
print(''.join([idx_to_char[value] for value in pattern]))

# 将保存完整的预测在 full_prediction 中
full_prediction = pattern.copy()

# 预测开始
for i in range(n_chars):

        # 转换为张量
        pattern = torch.from_numpy(pattern).type(torch.LongTensor)
        pattern = pattern.view(1, -1)

        # 预测
        prediction = model(pattern)
        # 将 Softmax 函数应用于预测张量
        prediction = softmax(prediction)

        # 预测张量被转换成一个 NumPy 数组
        prediction = prediction.squeeze().detach().numpy()
        # 取概率最大的索引
        arg_max = np.argmax(prediction)
```

```
        # 将当前张量转换为 NumPy 数组
        pattern = pattern.squeeze().detach().numpy()
        # 窗口向右移 1 个字符
        pattern = pattern[1:]
        # 新模式是由“旧”模式+预测的字符组成的
        pattern = np.append(pattern, arg_max)

        # 保存完整的预测
        full_prediction = np.append(full_prediction, arg_max)

    print('Prediction: \n')
    print(''.join([idx_to_char[value] for value in full_prediction]))

if __name__ == '__main__':

    args = parameter_parser()

    # 如果已经有训练过的权重
    if args.load_model == True:
      if os.path.exists(args.model):
          # 加载和准备序列
          execution = Execution(args)
          execution.prepare_data()

          sequences = execution.sequences
          idx_to_char = execution.idx_to_char
          vocab_size = execution.vocab_size

          # 初始化网络
          model = TextGenerator(args, vocab_size)
          # 加载权重
          model.load_state_dict(torch.load('../tmp/textGenerator_
model.pt'))
```

```
        # 文本生成器
        execution.generator(model, sequences, idx_to_char, 1000)

    # 如果要重新训练网络
    else:
        # 加载和预处理序列
        execution = Execution(args)
        execution.prepare_data()

        # 训练网络
        execution.train(args)

        sequences = execution.sequences
        idx_to_char = execution.idx_to_char
        vocab_size = execution.vocab_size

        # 初始化网络
        model = TextGenerator(args, vocab_size)
        # 加载权重
        model.load_state_dict(torch.load('../tmp/textGenerator_model.pt'))

        # 文本生成器
        execution.generator(model, sequences, idx_to_char, 1000)
```

5.5 结果分析

代码 5-9 生成的文本如下。

```
Pattern:

de the shack and then went up the road to wake the boy he wasshivering with
the morning cold but he
Prediction:
```

```
de the shack and then went up the road to wake the boy he wasshivering with
the morning cold but he he here d s htheehe t if ld angheshacad he here me
ve n s the he hth to ou anger and hestheed e h thed yoasowathephes an ofwang
the athr f bar hery gh aithe g wfo anou ge bis mai ut ougol at w ininou f he
f honerengn wany the hrthe an oong any ainy ere hisser t cr n angrellig aneug
coug  ath he caike bor whesofas thetheeeme hithe theth the he hithe h t wan
the hing anore s wanthe dithe hire bbot icarenggrveeppepheph f onon rd wan
the h th fi was athe bingan sas these aththe her n e nd t eeld iofhthe acfo
fr end n s s oheetothe bove  ano h than ing tas candinous the there and wad
whes arougg ithee beo ft he dtide itheplonouthisgran t  f filingg d he g
ooyoweee d t it san angag s d wan anone wacke eve brenh she thee heee d the
y sofouse t ainhem bit u th s wex that thed thesurit ththemas t t olothe saed
war therheshed f hrre he car mame the here theas s sad herene arenheaned herahere
be betoouped tese t ithhenherhe f heang n an bove ticed wind heale f lld w
thed theplinde fid thed nd f
```

观察生成的结果。生成的文本整体而言可能没有任何意义，但是网络已经能够生成部分实际的英文单词，如“bar”“the”“than”“war”“car”等。此结果是网络迭代 100 次后生成的结果，相信随着迭代次数的增加，网络能有更好的表现。

小结

本章展示了如何使用 PyTorch 框架实现基于 LSTM 网络和 Bi-LSTM 网络的文本生成。

值得注意的是，文本生成可以通过不同的方式改进，例如，增加要训练的文本语料库、训练周期以及 LSTM 层的神经元数量来提升网络训练效果。

实训　基于 LSTM 网络的文本生成

1. 训练要点

（1）掌握文本预处理的方法。

（2）熟悉 LSTM 网络的构建。

2. 需求说明

《彼得·潘》是著名童话电影《小飞侠》的小说版，将该小说的英文文本作为原始数据集，参考第 5 章中的步骤，使用 LSTM 网络实现文本生成。

课后习题

根据本案例给出的配置项调整参数来优化结果，配置项如代码 5-10 所示。

代码 5-10　配置项

```
import argparse


def parameter_parser():
    parser = argparse.ArgumentParser(description = 'Text Generation')
    parser.add_argument('--epochs', dest='num_epochs ', type=int, default=
100)
    parser.add_argument('--learning_rate',
                        dest='learning_rate', type=float, default=0.001)
    parser.add_argument('--hidden_dim', dest='hidden_dim', type=int,
default=128)
    parser.add_argument('--batch_size', dest='batch_size', type=int,
default=128)
    parser.add_argument('--window', dest='window', type=int, default=100)
    parser.add_argument('--load_model',
                        dest='load_model', type=bool, default=False)
    parser.add_argument('--model', dest='model',
                        type=str, default='../tmp/textGenerator.pt')
    args = parser.parse_args(args=[])
    return args
```

第6章 基于CycleGAN的图像风格转换

所谓图像风格转换，是指利用算法学习一类图像的风格，然后将学习到的风格应用到其他图像上的技术。随着深度学习的兴起，图像风格转换获得了进一步发展，并取得了一系列突破性的研究成果。深度学习出色的图像风格转换能力引起了学术界和工业界的广泛关注，具有重要的研究价值。本案例将使用艺术风格图像与现实风景图像数据集，构建 CycleGAN 进行图像风格转换，一是将艺术风格图像转换成现实风景图像，二是将现实风景图像转换成艺术风格图像。

学习目标

（1）了解图像风格转换的背景。

（2）熟悉图像风格转换的步骤与流程。

（3）熟悉 CycleGAN 的结构与构建步骤。

（4）掌握 CycleGAN 的训练步骤。

6.1 目标分析

本节主要介绍图像风格转换的相关背景、运用领域以及本案例的分析目标、相关流程和项目工程结构。

6.1.1 背景

在使用神经网络进行图像风格转换之前，需了解图像风格转换的程序设计有一个共同的思路：分析某一种风格的图像，并为该风格建立一个数学或统计模型，再将模型应用到待转换的图像上。因此带来了一个问题，一个程序基本只能做某一种风格或某一个场景的转换，存在较高的局限性。所以，传统的图像风格转换的实际应用非常有限。

图像风格转换的核心在于获得输入图像的特征表达。卷积神经网络对于图像高层特征的抽取，使得获取特征表达变得相对容易。因此，随着深度学习技术的兴起，图像风格转换再次回到了大众视野。

生活中，图像风格转换的实际运用较少，多数运用偏娱乐性，例如，智能手机相机里的卡通滤镜功能，可以将拍摄的图像转换成卡通风格图像。本案例将基于 CycleGAN 进行图像风格转换。CycleGAN 是图像风格转换中常用的网络，其特点是样本数据无须配对即可实现转换。例如，将斑马转换成马，如图 6-1 所示。

图 6-1　将斑马转换成马

CycleGAN 的特点是图像会经过两次风格转换，首先将图像从风格 A 转换到风格 B，然后从风格 B 转换回风格 A。如果两次转换的效果都比较好，那么转换后的图像应该与输入的图像基本一致。CycleGAN 通过对比转换前后的图像，形成了有监督学习，优化了转换效果。

6.1.2　分析目标

利用艺术风格图像数据集与现实风景图像数据集，可以实现以下目标。

（1）让模型将现实风景图像转换成艺术风格图像。

（2）让模型将艺术风格图像转换成现实风景图像。

本案例的总体流程如图 6-2 所示，主要包括以下 4 个步骤。

（1）加载数据，加载艺术风格图像数据集与现实风景图像数据集。

（2）构建网络，包含残差网络、生成器、判别器及缓存队列。

（3）训练网络，计算生成器和判别器的损失，从而训练生成器和判别器。

（4）结果分析，对迭代中输出的风格转换图像进行分析。

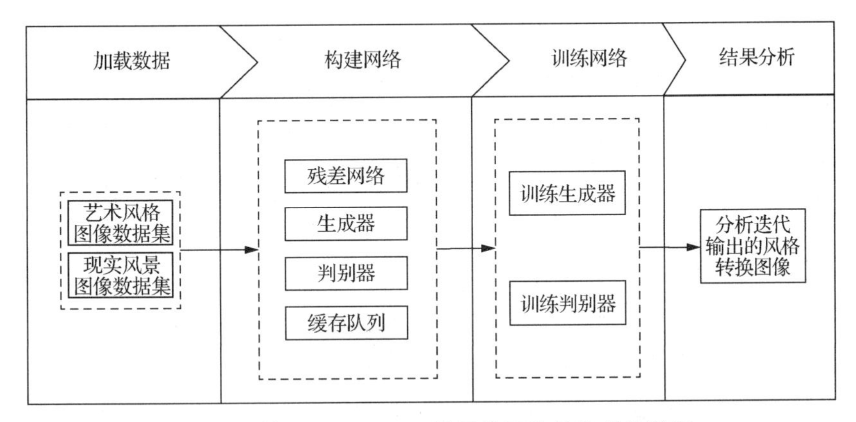

图 6-2　基于 CycleGAN 的图像风格转换总体流程

6.1.3 项目工程结构

本案例基于 PyTorch 1.8.1、CUDA 10.2 和 cuDNN 8.2.0 环境运行，其中 PyTorch 1.8.1 也可以是 CPU 版本。

本案例的目录包含 3 个文件夹，分别是 code、data 和 tmp。如图 6-3 所示。

所有原始图像数据存放在 data 文件夹中，其中包含 4 个文件夹，分别是 testA、testB、trainA、trainB，如图 6-4 所示。

所有的代码文件放在 code 文件夹中，如图 6-5 所示。

图 6-3　本案例的目录　　图 6-4　data 文件夹　　图 6-5　code 文件夹

代码运行过程中生成的转换图像会被放入 tmp 文件夹中，如图 6-6 所示。

图 6-6　tmp 文件夹中的转换图像

构建网络包括定义残差网络、生成器、判别器以及缓存队列。其中生成器与判别器是 CycleGAN 的主要组成部分。

6.2 数据准备

本案例使用的数据集是艺术风格图像数据集与现实风景图像数据集，包含 4 个子数据集。testA 文件夹里包含 263 张艺术风格图像，testB 文件夹里包含 751 张现实风景图像，trainA 文件夹里包含 562 张艺术风格图像，trainB 文件夹里包含 6287 张现实风景图像。

定义读取数据的函数，如代码 6-1 所示。

代码 6-1　定义读取数据的函数

```
# 数据加载
from random import randint
```

```
import numpy as np
import torch
torch.set_default_tensor_type(torch.FloatTensor)
import torch.nn as nn
import torch.optim as optim
import torchvision.datasets as datasets
import torchvision.transforms as transforms
import os
import matplotlib.pyplot as plt
import torch.nn.functional as F
from torch.autograd import Variable
from torchvision.utils import save_image
import shutil
import cv2
import random
from PIL import Image
import itertools

def to_img(x):
    out = 0.5 * (x + 1)
    out = out.clamp(0, 1)
    out = out.view(-1, 3, 256, 256)
    return out


data_path = os.path.abspath('../data')
image_size = 256
batch_size = 1

transform = transforms.Compose([transforms.Resize(int(image_size * 1.12),
Image.BICUBIC),
                                transforms.RandomCrop(image_size),
                                transforms.RandomHorizontalFlip(),
                                transforms.ToTensor(),
```

```
                              transforms.Normalize((0.5, 0.5, 0.5), (0.5,
0.5, 0.5))])

def _get_train_data(batch_size=1):

    train_a_filepath = data_path + '\\trainA\\'
    train_b_filepath = data_path + '\\trainB\\'

    train_a_list = os.listdir(train_a_filepath)
    train_b_list = os.listdir(train_b_filepath)

    train_a_result = []
    train_b_result = []

    numlist = random.sample(range(0, len(train_a_list)), batch_size)

    for i in numlist:
        a_filename = train_a_list[i]
        a_img = Image.open(train_a_filepath + a_filename).convert('RGB')
        res_a_img = transform(a_img)
        train_a_result.append(torch.unsqueeze(res_a_img, 0))

        b_filename = train_b_list[i]
        b_img = Image.open(train_b_filepath + b_filename).convert('RGB')
        res_b_img = transform(b_img)
        train_b_result.append(torch.unsqueeze(res_b_img, 0))

    return torch.cat(train_a_result, dim=0), torch.cat(train_b_result,
dim=0)
```

6.3 构建网络

CycleGAN 的主体结构包含两个生成器与两个判别器，在此基础上还需要定义残差网络和缓存队列，用于构建部分网络层和处理图像内存分配。

CycleGAN 需要两个生成器，即生成器 G 和生成器 F；两个判别器，即判别器 D_x 和判别器 D_y。两个生成器与两个判别器的作用如下。

（1）生成器 G 将图像 X 转换为 Y（G：$X \to Y$）。

（2）生成器 F 将图像 Y 转换为 X（F：$Y \to X$）。

（3）判别器 D_x 区分真实的图像 X 与生成的图像 X。

（4）判别器 D_y 区分真实的图像 Y 与生成的图像 Y。

6.3.1　残差网络

使用残差网络实现浅层网络到深层网络的信息传输，可以解决网络的层数较多时，网络准确度出现饱和，甚至出现下降的问题。

在定义残差网络时，ResidualBlock 类继承自父类 Module，并通过 block_layer 对象定义残差模块中的网络层，如代码 6-2 所示。

代码 6-2　定义残差网络

```
# 残差网络
class ResidualBlock(nn.Module):

    def __init__(self, in_features):
        super(ResidualBlock, self).__init__()
        self.block_layer = nn.Sequential(
            nn.ReflectionPad2d(1),
            nn.Conv2d(in_features, in_features, 3),
            nn.InstanceNorm2d(in_features),
            nn.ReLU(inplace=True),
            nn.ReflectionPad2d(1),
            nn.Conv2d(in_features, in_features, 3),
            nn.InstanceNorm2d(in_features))

    def forward(self, x):
        return x + self.block_layer(x)
```

6.3.2　生成器

生成器的目的是转换输入的图像风格的，生成能够以假乱真的图像。同时，生成器所生成的图像也将被作为输入对象提供给下一个生成器或判别器。定义生成器如代码 6-3 所示。

在生成器中，使用镜像填充（ReflectionPad2d）由低维特征生成高维特征，同时使用图像生成的归一化层（InstanceNorm2d）加速模型收敛，最终得到生成的图像 X。

代码 6-3　定义生成器

```
# 生成器
class Generator(nn.Module):

    def __init__(self):
        super(Generator, self).__init__()
        model = [nn.ReflectionPad2d(3),
                 nn.Conv2d(3, 64, 7),
                 nn.InstanceNorm2d(64),
                 nn.ReLU(inplace=True)]

        in_features = 64
        out_features = in_features * 2
        for _ in range(2):
            model += [nn.Conv2d(in_features, out_features,
                                3, stride=2, padding=1),
            nn.InstanceNorm2d(out_features),
            nn.ReLU(inplace=True)]
            in_features = out_features
            out_features = in_features * 2

        for _ in range(9):
            model += [ResidualBlock(in_features)]

        out_features = in_features // 2
        for _ in range(2):
            model += [nn.ConvTranspose2d(
                         in_features, out_features,
                         3, stride=2, padding=1, output_padding=1),
              nn.InstanceNorm2d(out_features),
              nn.ReLU(inplace=True)]
            in_features = out_features
```

```
            out_features = in_features // 2

        model += [nn.ReflectionPad2d(3),
                  nn.Conv2d(64, 3, 7),
                  nn.Tanh()]

        self.gen = nn.Sequential( * model)

    def forward(self, x):
        x = self.gen(x)
        return x
```

6.3.3 判别器

判别器的目的是判断输入的图像是真实的图像还是生成的图像。定义判别器，如代码 6-4 所示。

在判别器中，使用大量的卷积层提取输入图像的特征，在网络的结尾使用 avg_pool2d 函数进行平均值池化。平均值池化前的特征维度为 torch.Size([10,1,14,14])，池化时对 10 个[14,14]大小的向量求均值并返回结果。

代码 6-4 定义判别器

```
# 判别器
class Discriminator(nn.Module):

    def __init__(self):
        super(Discriminator, self).__init__()
        self.dis = nn.Sequential(
            nn.Conv2d(3, 64, 4, 2, 1, bias=False),
            nn.LeakyReLU(0.2, inplace=True),

            nn.Conv2d(64, 128, 4, 2, 1, bias=False),
            nn.InstanceNorm2d(128),
            nn.LeakyReLU(0.2, inplace=True),

            nn.Conv2d(128, 256, 4, 2, 1, bias=False),
            nn.InstanceNorm2d(256),
```

```
                nn.LeakyReLU(0.2, inplace=True),

                nn.Conv2d(256, 512, 4, padding=1),
                nn.InstanceNorm2d(512),
                nn.LeakyReLU(0.2, inplace=True),

                nn.Conv2d(512, 1, 4, padding=1))

    def forward(self, x):
        x = self.dis(x)
        return F.avg_pool2d(x, x.size()[2:]).view(x.size()[0], -1)
```

6.3.4 缓存队列

训练网络时，每个周期都会读取一定批量大小的数据用于训练。需要注意，艺术风格图像与现实风景图像是成对被读取的，图像对中的固定搭配可能会被网络学习到。因此，需要将输入数据的顺序打乱，重新分组。

定义缓存队列（ReplayBuffer），如代码 6-5 所示。在 ReplayBuffer 函数中，如果缓存池中的图像数量小于阈值 max_size，那么返回原图像，并向缓存池增加输入图像；如果缓存池中的图像数量大于阈值 max_size，那么从缓存池中随机选择图像返回，并用输入的图像替换返回的图像。

代码 6-5 定义缓存队列

```
class ReplayBuffer():
    # 缓存队列，若不足则新增，否则随机替换
    def __init__(self, max_size =50):
        self.max_size = max_size
        self.data = []

    def push_and_pop(self, data):
        to_return = []
        for element in data.data:
            element = torch.unsqueeze(element, 0)
            if len(self.data) < self.max_size:
                self.data.append(element)
                to_return.append(element)
```

```
            else:
                if random.uniform(0, 1) > 0.5:
                    i = random.randint(0, self.max_size - 1)
                    to_return.append(self.data[i].clone())
                    self.data[i] = element
                else:
                    to_return.append(element)
        return Variable(torch.cat(to_return))
```

6.4 训练网络

在训练网络的过程中，首先需要初始化生成器、判别器和缓存队列，然后设置损失函数和优化器，其次开始训练网络中的生成器和判别器，最后将风格转换的结果输出并保存。

G_A2B 表示生成风格 B 图像的生成器，G_B2A 表示生成风格 A 图像的生成器，netD_A 表示判别风格 A 图像的判别器，netD_B 表示判别风格 B 图像的判别器。real_A 和 real_B 为输入的真实图像。

生成器的训练过程及图像名称解释，如图 6-7 所示，主要包含如下 6 个步骤。

（1）利用 G_A2B 将 real_B 生成 same_B，并获取 real_B 和 same_B 之间的损失。

（2）利用 G_B2A 将 real_A 生成 same_A，获取 real_A 和 same_A 之间的损失。

（3）利用 G_A2B 将 real_A 生成 fake_B，通过 netD_B 判断 fake_B 的真伪，将 netD_B 的返回作为损失。

（4）利用 G_B2A 将 real_B 生成 fake_A，通过 netD_A 判断 fake_A 的真伪，将 netD_A 的返回作为损失。

（5）利用 G_B2A 将 fake_B 生成 recovered_A，获取 recovered_A 与 real_A 之间的损失。

（6）利用 G_A2B 将 fake_A 生成 recovered_B，获取 recovered_B 与 real_B 之间的损失。

对获得的损失进行加权求和即可得到生成器的总损失，训练完毕的 G_A2B 生成器需要满足以下 3 点要求。

（1）如果输入的是 real_B，那么生成的 same_B 在总体像素层面上与 real_B 相同。

（2）如果输入的是 real_A，那么生成的 fake_B 会具有 B 风格。

（3）如果输入的是 fake_A，那么生成的 recovered_B 在内容上与 real_B 相同，在风格上与风格 B 相同。

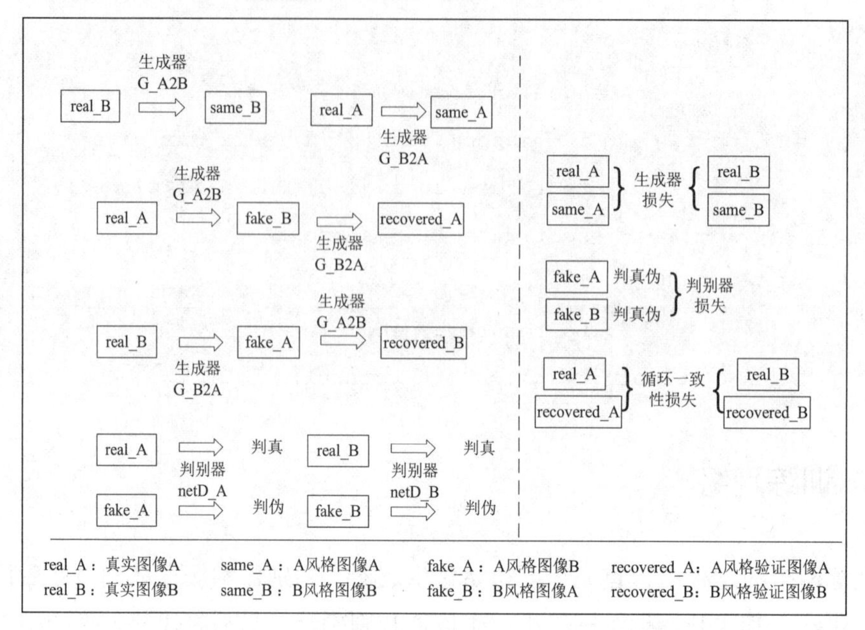

图 6-7　生成器的训练过程及图像名称解释

训练完毕的判别器可以满足以下 4 点要求。

（1）判别器 netD_A 可以对 real_A 判真。

（2）判别器 netD_A 可以对 fake_A 判伪。

（3）判别器 netD_B 可以对 real_B 判真。

（4）判别器 netD_B 可以对 fake_B 判伪。

训练网络如代码 6-6 所示。

代码 6-6　训练网络

```
# 训练网络
fake_A_buffer = ReplayBuffer()
fake_B_buffer = ReplayBuffer()

netG_A2B = Generator()
netG_B2A = Generator()
netD_A = Discriminator()
netD_B = Discriminator()

criterion_GAN = torch.nn.MSELoss()
criterion_cycle = torch.nn.L1Loss()
criterion_identity = torch.nn.L1Loss()
```

```
d_learning_rate = 3e-4
g_learning_rate = 3e-4
optim_betas = (0.5, 0.999)

g_optimizer = optim.Adam(itertools.chain(netG_A2B.parameters(),
netG_B2A.parameters()),
                         lr=d_learning_rate)
da_optimizer = optim.Adam(netD_A.parameters(), lr=d_learning_rate)
db_optimizer = optim.Adam(netD_B.parameters(), lr=d_learning_rate)

num_epochs = 1000

for epoch in range(num_epochs):

    real_a, real_b = _get_train_data(batch_size)
    target_real = torch.full((batch_size, ), 1).float()
    target_fake = torch.full((batch_size, ), 0).float()

    g_optimizer.zero_grad()

    # 第一步：训练生成器
    same_B = netG_A2B(real_b).float()
    loss_identity_B = criterion_identity(same_B, real_b) * 5.0
    same_A = netG_B2A(real_a).float()
    loss_identity_A = criterion_identity(same_A, real_a) * 5.0

    fake_B = netG_A2B(real_a).float()
    pred_fake = netD_B(fake_B).float()
    loss_GAN_A2B = criterion_GAN(pred_fake, target_real)
    fake_A = netG_B2A(real_b).float()
    pred_fake = netD_A(fake_A).float()
    loss_GAN_B2A = criterion_GAN(pred_fake, target_real)
    recovered_A = netG_B2A(fake_B).float()
    loss_cycle_ABA = criterion_cycle(recovered_A, real_a) * 10.0
```

```
recovered_B = netG_A2B(fake_A).float()
loss_cycle_BAB = criterion_cycle(recovered_B, real_b) * 10.0
loss_G = (loss_identity_A + loss_identity_B + loss_GAN_A2B +
          loss_GAN_B2A + loss_cycle_ABA + loss_cycle_BAB)
loss_G.backward()
g_optimizer.step()

# 第二步：训练判别器
# 训练判别器 A
da_optimizer.zero_grad()
pred_real = netD_A(real_a).float()
loss_D_real = criterion_GAN(pred_real, target_real)
fake_A = fake_A_buffer.push_and_pop(fake_A)
pred_fake = netD_A(fake_A.detach()).float()
loss_D_fake = criterion_GAN(pred_fake, target_fake)
loss_D_A = (loss_D_real + loss_D_fake) * 0.5
loss_D_A.backward()
da_optimizer.step()
# 训练判别器 B
db_optimizer.zero_grad()
pred_real = netD_B(real_b)
loss_D_real = criterion_GAN(pred_real, target_real)
fake_B = fake_B_buffer.push_and_pop(fake_B)
pred_fake = netD_B(fake_B.detach())
loss_D_fake = criterion_GAN(pred_fake, target_fake)
loss_D_B = (loss_D_real + loss_D_fake) * 0.5
loss_D_B.backward()
db_optimizer.step()

# 损失输出，存储伪造图像
print('Epoch[{}],loss_G:{:.6f} ,loss_D_A:{:.6f},loss_D_B:{:.6f}'
      .format(epoch, loss_G.data.item(), loss_D_A.data.item(),
              loss_D_B.data.item()))
if (epoch + 1) % 20 == 0 or epoch == 0:
```

```
        b_fake = to_img(fake_B.data)
        a_fake = to_img(fake_A.data)
        a_real = to_img(real_a.data)
        b_real = to_img(real_b.data)
        save_image(a_fake, '../tmp/a_fake.png')
        save_image(b_fake, '../tmp/b_fake.png')
        save_image(a_real, '../tmp/a_real.png')
        save_image(b_real, '../tmp/b_real.png')
```

训练网络最终的输出结果是 4 张图像，一张具有艺术风格的图像 a_fake、一张具有现实风格的图像 b_fake、一张真实的艺术图像 a_real、一张真实的风景图像 b_real。

6.5 结果分析

通过观察训练过程中某些周期的输出结果来分析图像风格转换模型的效果。训练第 1 个周期时，生成的图像基本是噪声图像，如图 6-8 所示，其中 a_fake.png 为由真实风景图像 b_real.png 生成的艺术风格图像，b_fake.png 为由真实的艺术图像 a_real.png 生成的现实风格图像。

a_fake.png

a_real.png

b_fake.png

b_real.png

图 6-8　第 1 个周期时生成的图像

训练第 200 个周期时，模型已经能够生成具有简单色彩的图像，如图 6-9 所示。

a_fake.png

a_real.png

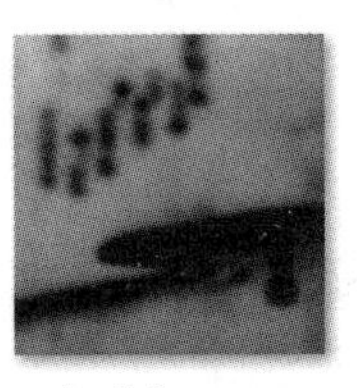
b_fake.png

b_real.png

图 6-9　第 200 个周期时生成的图像

训练第 560 个周期时，生成的图像已经具备了一些纹理，如图 6-10 所示。

图 6-10 第 560 个周期时生成的图像

训练第 660 个周期时，生成的图像具有更加丰富的色彩，如图 6-11 所示。

图 6-11 第 660 个周期时生成的图像

训练第 1000 个周期时，生成的图像已经基本完成了风格的转换，如图 6-12 所示。

图 6-12 第 1000 个周期时生成的图像

小结

本章主要实现了基于 CycleGAN 的图像风格转换。在定义读取数据的函数之后，定义了残差网络、生成器、判别器和缓存队列，然后训练了网络中的生成器与判别器，最后对网络训练过程中某几个周期的输出进行了分析。

实训 基于 CycleGAN 实现冬天与夏天的图像风格转换

1. 训练要点

掌握 CycleGAN 的基本原理与构建方法。

2. 需求说明

使用 CycleGAN 对冬天与夏天的图像数据集做图像风格转换，具体步骤参考第 6 章中的步骤，需要实现以下目标。

（1）让模型将冬天的图像转换成夏天风格。

（2）让模型将夏天的图像转换成冬天风格。

课后习题

在训练网络的过程中，如果计算机显存不够，需要对网络结构进行改造，降低模型训练对计算机的需求，使模型在显存较小的情况下也能运行。改造网络结构的示例如代码 6-7 所示。

代码 6-7　改造网络结构的示例

```
if torch.cuda.is_available():
    print("use cuda")
    netG_A2B = netG_A2B.cuda()
    netG_B2A = netG_B2A.cuda()
    netD_A = netD_A.cuda()
    netD_B = netD_B.cuda()
```

第 7 章 基于 TipDM 大数据挖掘建模平台实现文本生成

在第 5 章中介绍了文本生成，本章将介绍使用另一种工具——TipDM 大数据挖掘建模平台来实现文本生成。相较于传统 Python 解析器，TipDM 大数据挖掘建模平台具有流程化、去编程化等特点，满足不懂编程的用户使用数据分析技术的需求。TipDM 大数据挖掘建模平台帮助用户更加便捷地掌握数据挖掘相关技术的操作，落实科教兴国战略、人才强国战略、创新驱动发展战略。

学习目标

（1）了解 TipDM 大数据挖掘建模平台的相关概念和特点。

（2）熟悉使用 TipDM 大数据挖掘建模平台配置文本生成任务的总体流程。

（3）掌握使用 TipDM 大数据挖掘建模平台获取数据的方法。

（4）掌握使用 TipDM 大数据挖掘建模平台进行配置数据源、文本预处理、构建网络、训练网络、结果分析等操作。

7.1 平台简介

TipDM 大数据挖掘建模平台是由广东泰迪智能科技股份有限公司自主研发的面向大数据挖掘项目的工具。该平台使用 Java 语言开发，采用浏览器/服务器（Browser/Server，B/S）结构，用户不需要下载客户端，可通过浏览器访问。该平台具有支持多种语言、操作简单、无需使用者有编程语言基础等特点，以流程化的方式连接数据输入/输出、统计与分析、数据预处理、挖掘与建模等环节，从而达成大数据挖掘的目的。平台界面如图 7-1 所示。

读者可通过访问该平台查看具体的界面情况，访问平台的具体步骤如下。

（1）微信搜索公众号“泰迪学社”或“TipDataMining”，并关注公众号。

（2）关注公众号后，回复“建模平台”，获取平台的访问方式。

本章将以文本生成为例，介绍使用平台实现工程的流程。在介绍之前，需要引入平台的几个概念。

图7-1　平台界面

（1）组件：对建模过程涉及的输入与输出、数据探索、数据预处理、建模、模型评估等算法分别进行封装，每一个封装好的模块被称为组件。组件分为系统组件和个人组件，系统组件可供所有用户使用，个人组件由个人用户编辑，仅供个人账号使用。

（2）参数：每个组件都给用户提供了需设置的内容，这部分内容称为参数。

（3）工程：为实现某一数据挖掘目标，将各组件通过流程化的方式相连，整个数据挖掘流程被称为工程。

（4）共享库：用户可以将配置好的工程、数据集，分别公开到模型库、数据库中作为模板分享给其他用户，其他用户可以使用共享库中的模板，创建无须配置组件便可运行的工程。

TipDM大数据挖掘建模平台主要有以下几个特点。

（1）平台组件基于Python、R语言以及Spark分布式引擎进行数据分析。Python、R语言以及Spark是常见的用于数据分析的语言或工具，高度契合行业需求。

（2）用户可在没有 Python、R 语言或者 Spark 编程基础的情况下，使用直观的拖曳式图形界面构建数据分析流程，无须编程。

（3）提供公开可用的数据分析示例工程，一键创建、快速运行。支持在线预览挖掘流程每个节点的结果。

（4）平台包含 Python、R 语言、Spark 这 3 种工具的组件包，用户可以根据实际需求，灵活选择不同的工具进行数据挖掘建模。

下面将对平台“共享库”“数据连接”“数据集”“我的工程”和“个人组件”这 5 个模块进行介绍。

7.1.1 共享库

登录平台后，用户即可看到“共享库”模块系统提供的示例工程（模板），如图 7-1 所示。

“共享库”模块主要用于标准大数据挖掘建模案例的快速创建和展示。通过“共享库”模块，用户可以创建无须导入数据及配置参数就能够快速运行的工程。用户也可以将自己搭建的工程生成为模板，公开到“共享库”模块，供其他用户一键创建。同时，每一个模板的创建者都拥有该模板的所有权，能够对该模板进行管理。

7.1.2 数据连接

“数据连接”模块支持从 DB2、SQL Server、MySQL、Oracle、PostgreSQL 等常用关系数据库导入数据。导入数据时的“新建连接”对话框如图 7-2 所示。

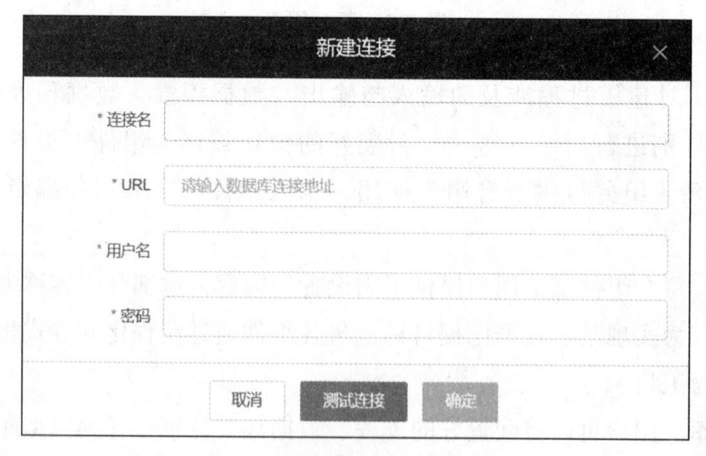

图 7-2 “新建连接”对话框

7.1.3 数据集

“数据集”模块主要用于导入与管理数据挖掘建模工程中的数据。支持从本地导入任意类型数据。导入数据时的“新增数据集”对话框如图 7-3 所示。

新增数据集
* 封面图片
* 名称
标签　请选择
* 有效期（天）　7天
描述　添加一些简短的说明　0/140
数据文件　将文件拖到此，或点击上传（可上传12个文件，总大小不超过5120MB）
暂无待上传文件
取消　确定

图 7-3　“新增数据集”对话框

7.1.4　我的工程

“我的工程”模块主要用于数据挖掘建模流程化的创建与管理，工程示例如图 7-4 所示。通过单击“工程”栏下的（新建工程）按钮，用户可以创建空白工程并通过“组件”栏下的组件进行工程的配置，将数据输入/输出、数据预处理、挖掘建模、模型评估等环节通过流程化的方式进行连接，以达到数据挖掘的目的。对于完成度优秀的工程，可以将其保存公开到“共享库”中，供其他使用者学习和借鉴。

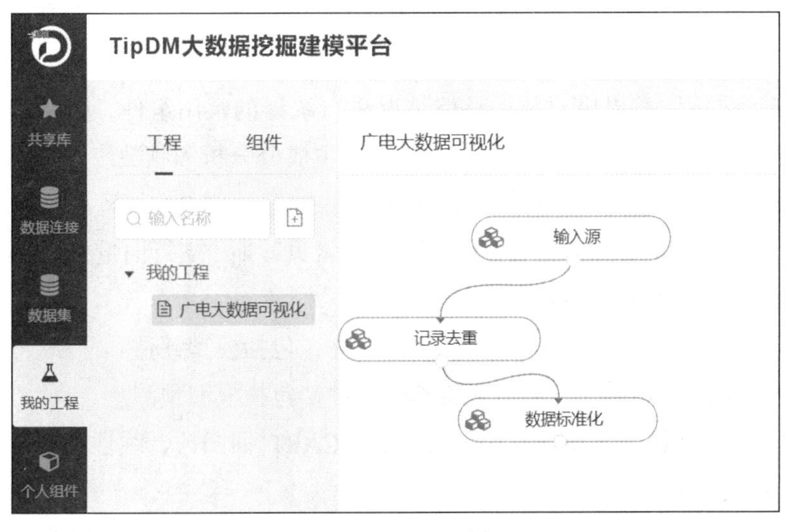

图 7-4　工程示例

在“组件”栏下，平台提供了输入/输出组件、Python 组件、R 语言组件、Spark 组件等系统组件，如图 7-5 所示。

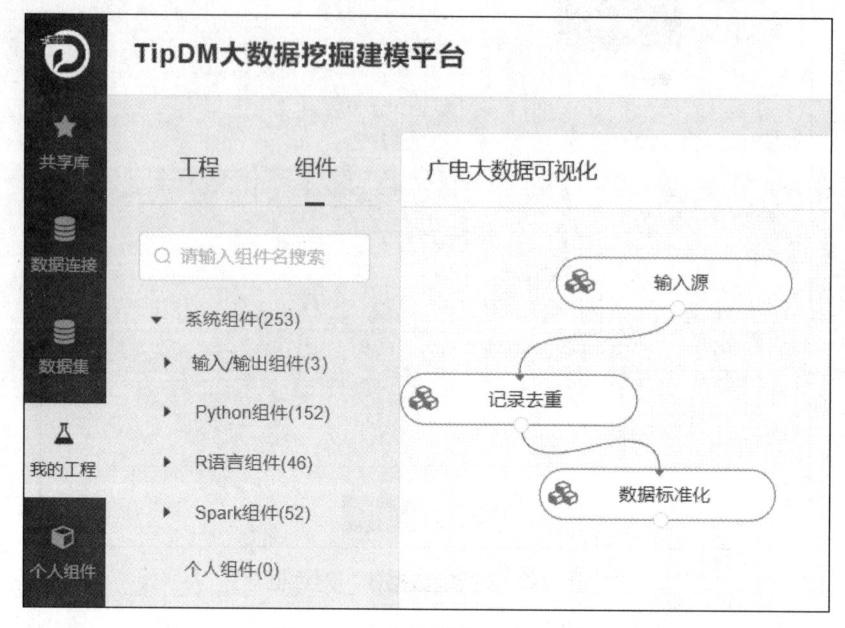

图 7-5　平台提供的系统组件

输入/输出组件提供工程输入与输出组件，包括输入源、输出源、输出到数据库等。

Python 组件包含 13 类，具体如下。

（1）“Python 脚本”类提供一个 Python 代码编辑框。用户可以在代码编辑框中粘贴已经写好的程序代码并直接运行，无须额外配置算法。

（2）“预处理”类提供对数据进行清洗的组件，包括数据标准化、缺失值处理、表堆叠、数据筛选、行列转置、修改列名、衍生变量、数据拆分、主键合并、新增序列、数据排序、记录去重和分组聚合等。

（3）“统计分析”类提供对数据整体情况进行统计的常用组件，包括因子分析、全表统计、正态性检验、相关性分析、卡方检验、主成分分析和频数统计等。

（4）“时间序列”类提供常用的时间序列组件，包括 ARIMA 等。

（5）“分类”类提供常用的分类组件，包括朴素贝叶斯、支持向量机、CART 分类树、逻辑回归、神经网络和 K 最近邻等。

（6）“模型评估”类提供用于模型评估的组件，包括模型评估。

（7）“模型预测”类提供用于模型预测的组件，包括模型预测。

（8）“回归”类提供常用的回归组件，包括 CART 回归树、线性回归、支持向量回归和 K 最近邻回归等。

（9）“聚类”类提供常用的聚类组件，包括层次聚类、DBSCAN 密度聚类和 K-Means 等。

（10）“关联规则”类提供常用的关联规则组件，包括 Apriori 和 FP-Growth 等。

（11）“文本分析”类提供对文本数据进行清洗、特征提取与分析的常用组件，包括情感分析、文本过滤、文本分词、TF-IDF、Word2Vec 等。

（12）“深度学习”类提供常用的深度学习组件，包括循环神经网络、卷积神经网络等。

（13）“绘图”类提供常用的画图组件，包括柱形图、折线图、散点图、饼图和词云图。

R 语言组件包含 8 类，具体如下。

（1）“R 语言脚本”类提供一个 R 语言代码编辑框。用户可以在代码编辑框中粘贴已经写好的程序代码并直接运行，无须额外配置算法。

（2）“预处理”类提供对数据进行清洗的组件，包括缺失值处理、异常值处理、表连接、表堆叠、数据标准化、记录去重、数据离散化、排序、数据拆分、频数统计、新增序列、字符串拆分、字符串拼接、修改列名和衍生变量等。

（3）“统计分析”类提供对数据整体情况进行统计的常用组件，包括卡方检验、因子分析、主成分分析、相关性分析、正态性检验和全表统计等。

（4）“分类”类提供常用的分类组件，包括朴素贝叶斯、CART 分类树、C4.5 分类树、BP 神经网络、K 最近邻、支持向量机和逻辑回归等。

（5）“时间序列”类提供常用的时间序列组件，包括 ARIMA 和指数平滑等。

（6）“聚类”类提供常用的聚类组件，包括 K-Means、DBSCAN 和系统聚类等。

（7）“回归”类提供常用的回归组件，包括 CART 回归树、C4.5 回归树、线性回归、岭回归和最近邻回归等。

（8）“关联分析”类提供常用的关联规则组件，包括 Apriori。

Spark 组件包含 8 类，具体如下。

（1）“预处理”类提供对数据进行清洗的组件，包括数据去重、数据过滤、数据映射、数据反映射、数据拆分、数据排序、缺失值处理、数据标准化、衍生变量、表连接、表堆叠和数据离散化等。

（2）“统计分析”类提供对数据整体情况进行统计分析的常用组件，包括行列统计、全表统计、相关性分析和重复值缺失值探索等。

（3）“分类”类提供常用的分类组件，包括逻辑回归、决策树、梯度提升树、朴素贝叶斯、随机森林、线性支持向量机和多层感知分类器等。

（4）“聚类”类提供常用的聚类组件，包括 K-Means 聚类、二分 K-Means 聚类和混合高斯聚类等。

（5）“回归”类提供常用的回归组件，包括线性回归、广义线性回归、决策树回归、梯度提升树回归、随机森林回归和保序回归等。

（6）“降维”类提供常用的数据降维组件，包括 PCA 降维。

（7）“协同过滤”类提供常用的智能推荐组件，包括 ALS 算法等。

（8）“频繁模式挖掘”类提供常用的频繁项集挖掘组件，包括 FP-Growth。

7.1.5 个人组件

“个人组件”模块主要满足用户的个性化需求。在用户使用过程中，可根据自己的需求定制组件，方便使用。目前“个人组件”支持通过 Python 和 R 语言进行个人组件的定制。单击（添加组件）按钮，用户可定制个人组件如图 7-6 所示。

图 7-6 定制个人组件

7.2 实现文本生成

以文本生成为例，在 TipDM 大数据挖掘建模平台上配置对应工程，展示流程的配置过程。详细流程的配置过程，可访问平台进行查看。

在 TipDM 大数据挖掘建模平台上配置文本生成工程的总体流程如图 7-7 所示，主要包括以下 4 个步骤。

（1）文本预处理，包括处理数据、创建字典以及生成序列。

（2）构建网络，定义文本生成类的构造函数、初始化权重以及组装体系结构。

（3）训练网络，设置配置项，执行训练并定义文本生成器。

（4）结果分析，调用主函数生成文本，观察并分析生成的文本。

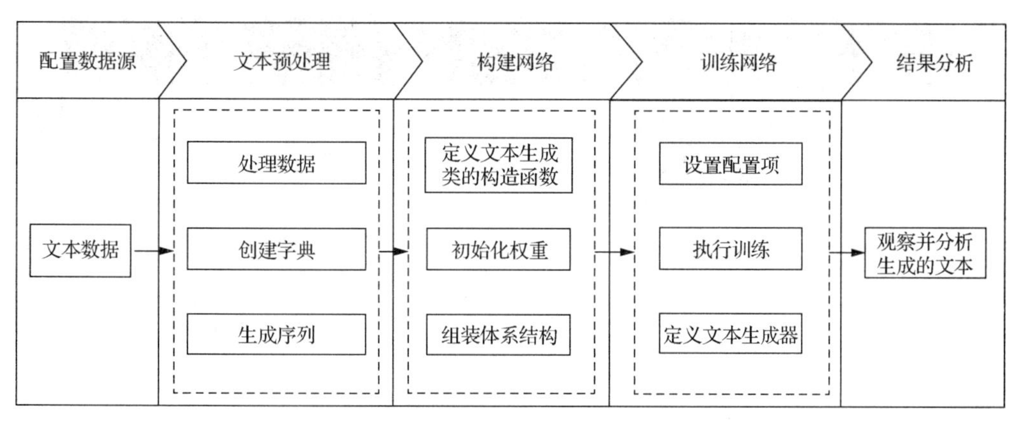

图 7-7 配置文本生成工程的总体流程

7.2.1 配置数据源

本章所使用的数据为一份英文文本（TXT 文件）。使用 TipDM 大数据挖掘建模平台导入数据，步骤如下。

（1）新增数据集。单击“数据集”模块，单击“新增”按钮，如图 7-8 所示。

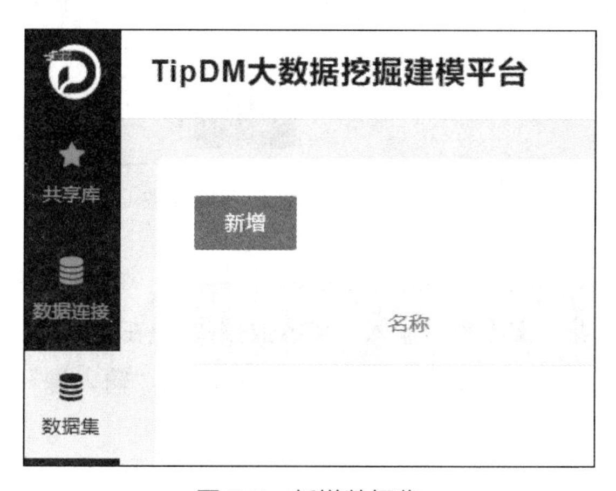

图 7-8 新增数据集

（2）设置新增数据集参数。在“封面图片”中随意选择一张封面图片，在“名称”文本框中输入“文本数据集”，“有效期（天）”选择“永久”，单击“点击上传”选择“book.txt”文件，等待数据载入成功后，单击“确定”按钮，即可上传数据，如图 7-9 所示。

数据上传完成后，新建一个名为“文本生成”的空白工程，配置一个“输入源”组件，步骤如下。

（1）拖曳“输入源”组件。在“我的工程”模块的“组件”栏中，找到“系统组件”中的“输入/输出组件”。拖曳“输入/输出组件”中的“输入源”组件至画布中。

图 7-9　设置新增数据集参数

（2）配置“输入源”组件。单击画布中的“输入源”组件，然后单击画布右侧“参数配置”栏中的“数据集”文本框，输入“文本数据集”，在弹出的下拉列表框中选择“文本数据集”，在“名称”框中选择“book.txt”。右键单击“输入源”组件，选择“重命名”并输入“文本数据集”，如图 7-10 所示。

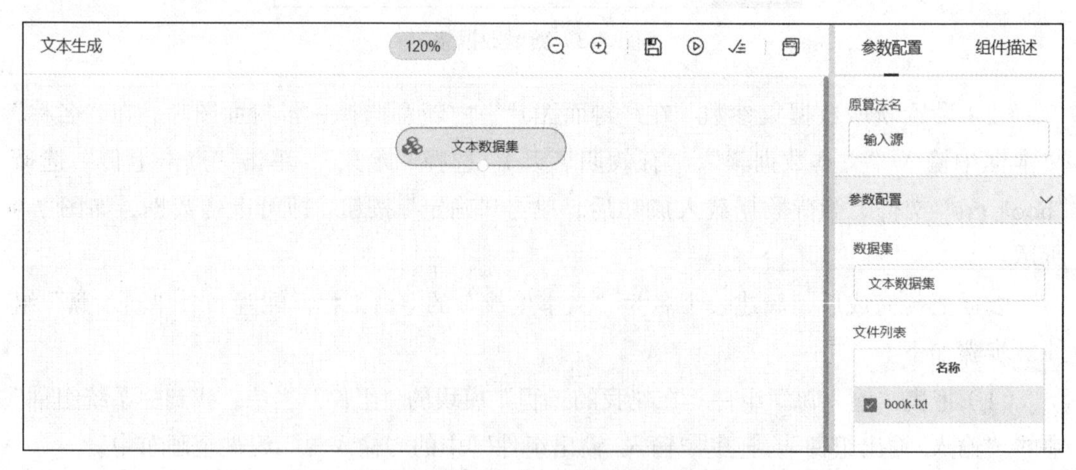

图 7-10　配置“文本数据集”组件

7.2.2　文本预处理

本章文本预处理主要包括处理数据、创建字典、生成序列。

1. 处理数据

原始的文本数据含有大量的标点符号以及存在大小写并存的情况。因此，需先对文本数据进行检查处理，并生成一个字符列表，具体步骤如下。

（1）创建“处理数据”组件。进入“个人组件”模块，单击新增个人组件，在“组件名称”文本框中输入组件名“处理数据”，在“计算引擎”框中选择“Python”，将“组件代码”中的示例代码替换为本书配套资料“处理数据.py”文件中的内容。成功创建的“处理数据”组件如图 7-11 所示。

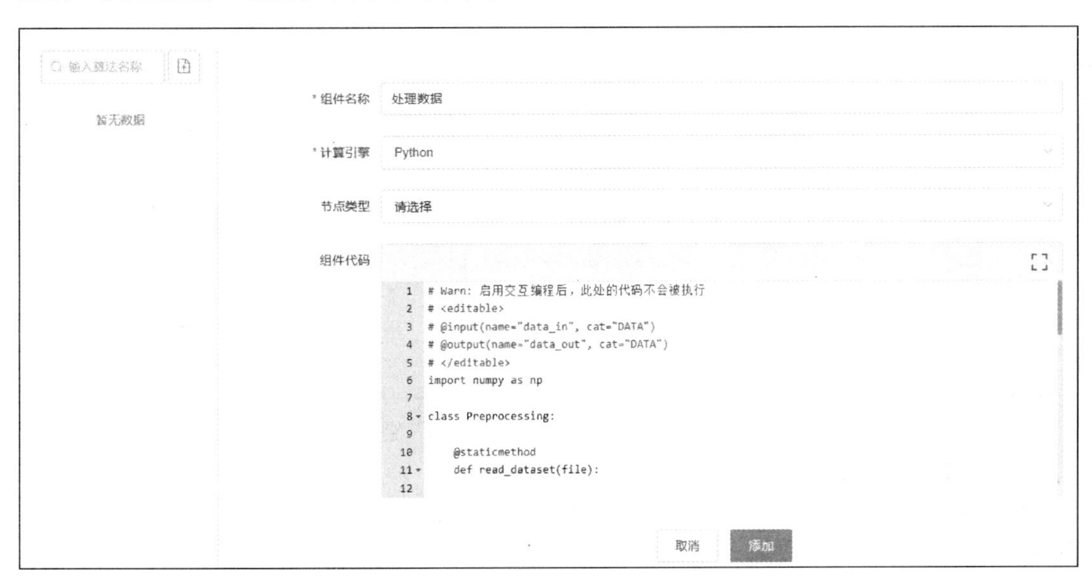

图 7-11　成功创建“数据处理”组件

（2）连接“处理数据”组件。拖曳“处理数据”组件至画布中，并与“文本数据集”组件相连，如图 7-12 所示。

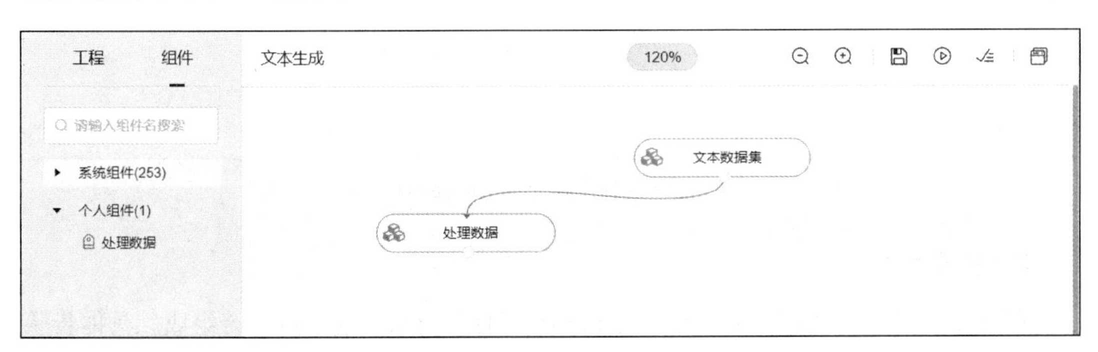

图 7-12　将“处理数据”组件与“文本数据集”组件相连

2. 创建字典

对于生成的字符列表，还需创建字典用于字符的编码和解码，具体步骤如下。

（1）创建“创建字典”组件。进入“个人组件”模块，单击新增个人组件，在“组件名称”文本框中输入组件名“创建字典”，在“计算引擎”框中选择“Python”，将“组件代码”中的示例代码替换为本书配套资料“创建字典.py”文件中的内容。成功创建的“创建字典”组件如图 7-13 所示。

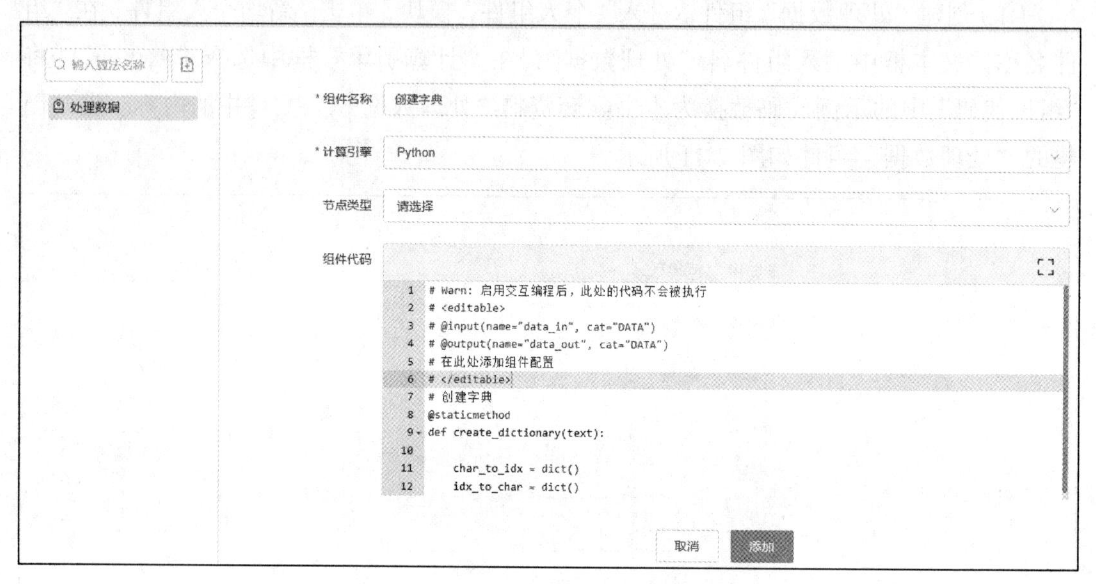

图 7-13　成功创建“创建字典”组件

（2）连接“创建字典”组件。拖曳“创建字典”组件至画布中，并与“处理数据”组件相连，如图 7-14 所示。

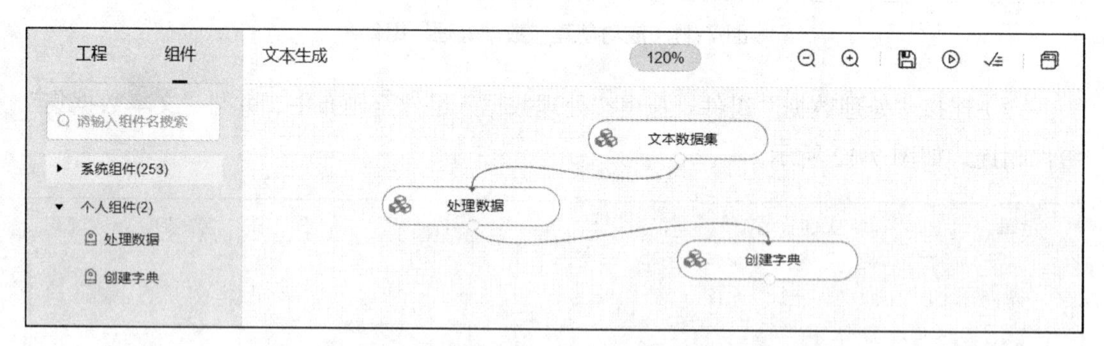

图 7-14　将“创建字典”组件与“处理数据”组件相连

3. 生成序列

网络需要给定长度的序列，每个生成的序列将由窗口中包含的字符组成，具体步骤如下。

（1）创建“生成序列”组件。进入“个人组件”模块，单击新增个人组件，在“组件名称”文本框中输入组件名“生成序列”，在“计算引擎”框中选择“Python”，将“组件代码”中的示例代码替换为本书配套资料“生成序列.py”文件中的内容。成功创建的“生成序列”组件如图 7-15 所示。

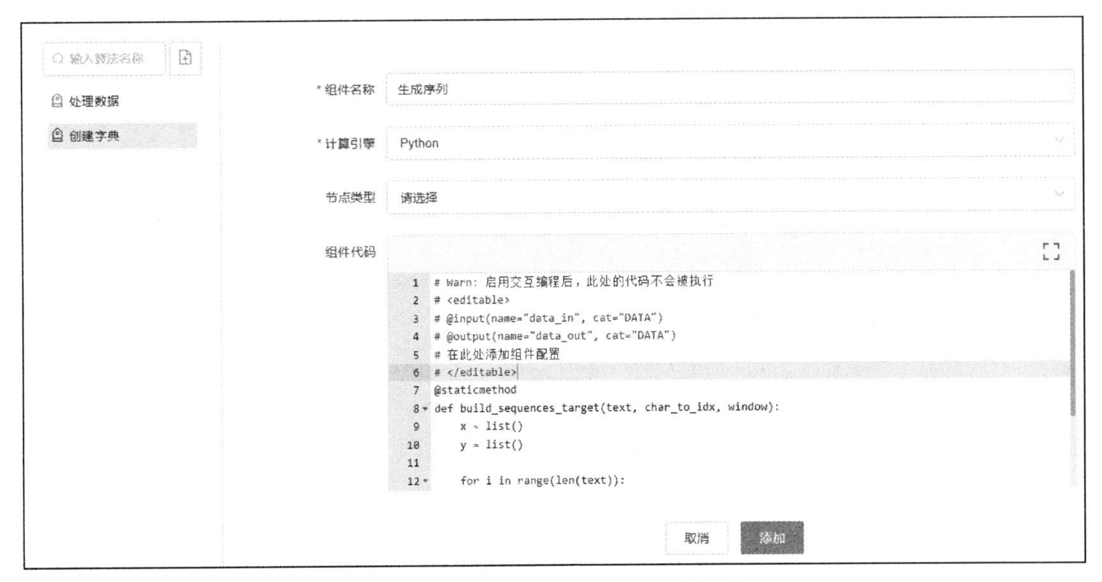

图 7-15　成功创建“生成序列”组件

（2）连接“生成序列”组件。拖曳“生成序列”组件至画布中，并与“创建字典”组件相连，如图 7-16 所示。

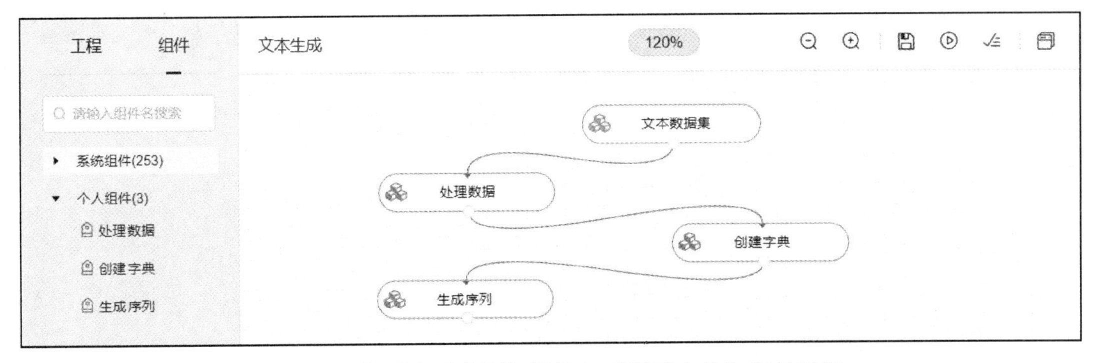

图 7-16　将“生成序列”组件与“创建字典”组件相连

7.2.3　构建网络

构建网络，需要定义文本生成类的构造函数、初始化权重以及构建网络。

1. 定义文本生成类的构造函数

定义用于初始化神经网络每一层的参数，具体步骤如下。

（1）创建“定义构造函数”组件。进入“个人组件”模块，单击新增个人组件，在“组件名称”文本框中输入组件名“定义构造函数”，在“计算引擎”框中选择“Python”，将“组件代码”中的示例代码替换为本书配套资料“定义构造函数.py”文件中的内容。成功创建的“定义构造函数”组件如图 7-17 所示。

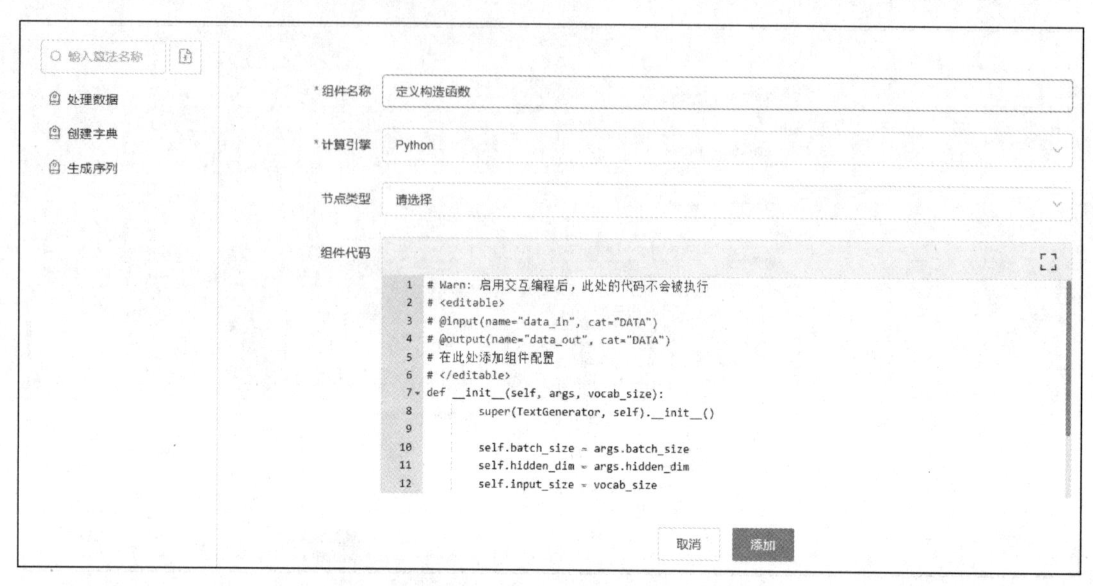

图 7-17 成功创建“定义构造函数”组件

（2）连接“定义构造函数”组件。拖曳“定义构造函数”组件至画布中，并与“生成序列”组件相连，如图 7-18 所示。

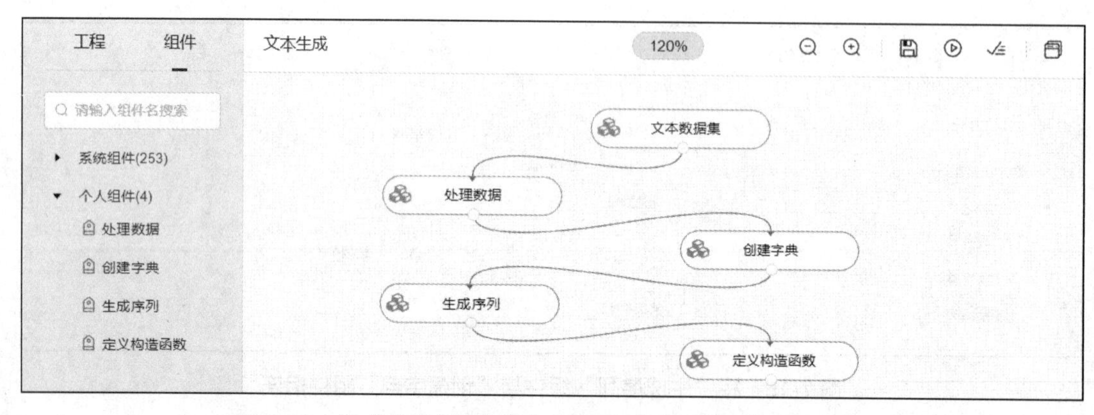

图 7-18 将“定义构造函数”组件与“序列生成”组件相连

2. 组装体系结构

定义完包含隐藏状态和单元状态的张量后，即可开始整个体系结构的组装。由于初始化权重与构建网络已封装在同一个函数中，因此，初始化权重不作为一个单独的步骤，组装体系结构的具体步骤如下。

（1）创建“构建网络”组件。进入“个人组件”模块，单击新增个人组件，在“组件名称”文本框中输入组件名“构建网络”，在“计算引擎”框中选择“Python”，将“组件代码”中的示例代码替换为本书配套资料“构建网络.py”文件中的内容。成功创建的“构建网络”组件如图7-19所示。

图7-19　成功创建“构建网络”组件

（2）连接“构建网络”组件。拖曳“构建网络”组件至画布中，并与“定义构造函数”组件相连，如图7-20所示。

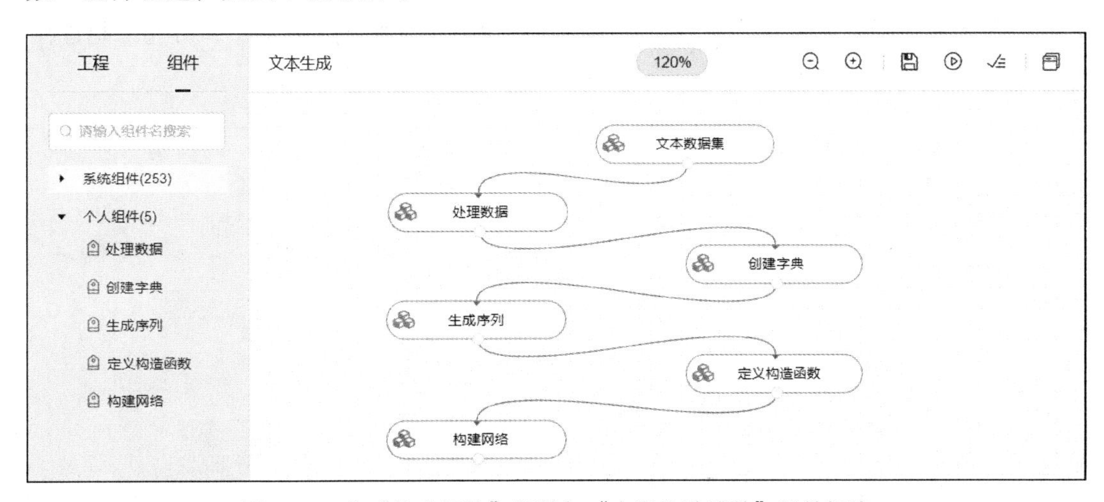

图7-20　将“构建网络”组件与“定义构造函数”组件相连

7.2.4　训练网络

网络的训练主要分为设置配置项、执行训练、定义文本生成器3个步骤。

1．设置配置项

在设置配置项中，需要设置循环次数和输入数据的批量大小，具体步骤如下。

（1）创建“设置配置项”组件。进入“个人组件”模块，单击新增个人组件，在“组件名称”文本框中输入组件名“设置配置项”，在“计算引擎”框中选择“Python”，将“组件代码”中的示例代码替换为本书配套资料“设置配置项.py”文件中的内容。成功创建的“设置配置项”组件如图 7-21 所示。

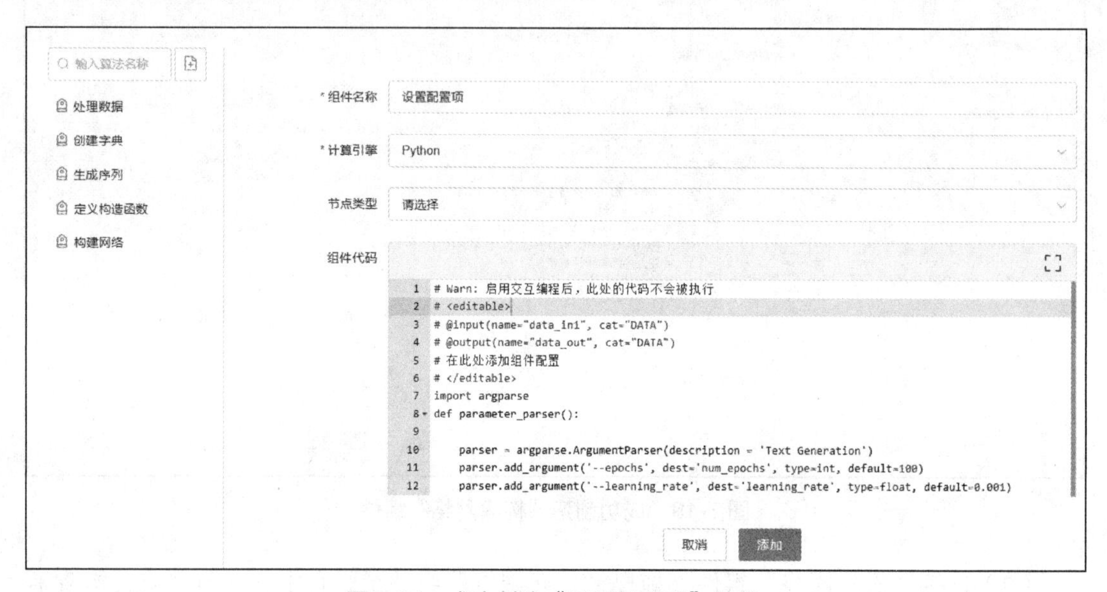

图 7-21　成功创建“设置配置项”组件

（2）连接“设置配置项”组件。拖曳“设置配置项”组件至画布中，并与“构建网络”组件相连，如图 7-22 所示。

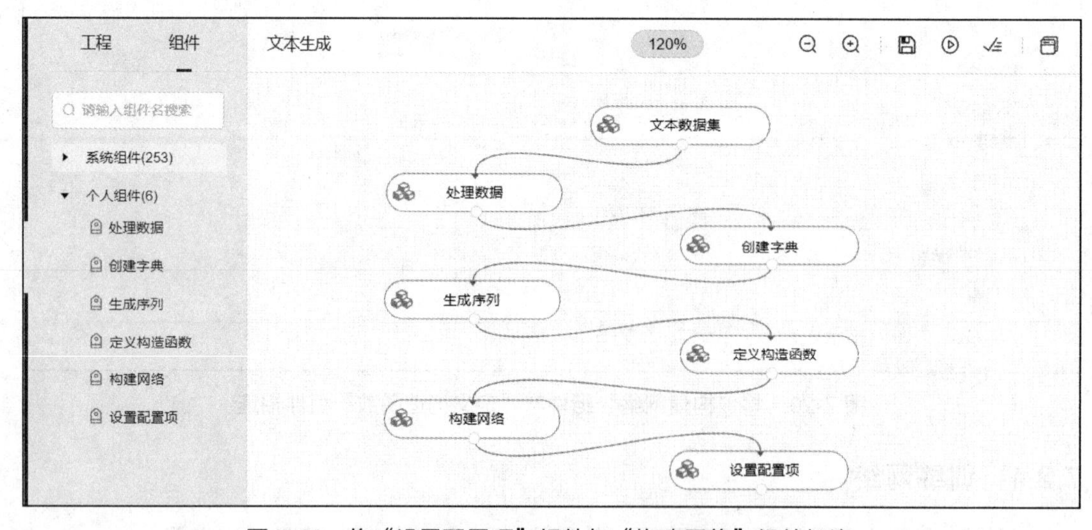

图 7-22　将“设置配置项”组件与“构建网络”组件相连

2. 执行训练

为了执行训练，需要初始化网络和优化器，一旦网络被训练，将需要保存神经网络的权重，以便以后用来生成文本，具体步骤如下。

（1）创建“执行训练”组件。进入“个人组件”模块，单击新增个人组件，在“组件名称”文本框中输入组件名“执行训练”，在“计算引擎”框中选择“Python”，将“组件代码”中的示例代码替换为本书配套资料“执行训练.py”文件中的内容。成功创建的“执行训练”组件如图 7-23 所示。

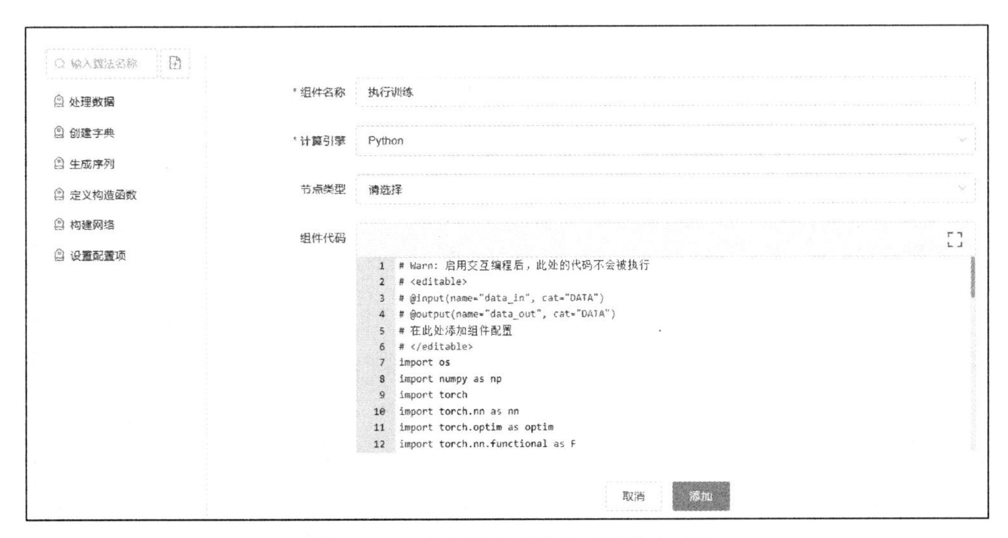

图 7-23　成功创建“执行训练”组件

（2）连接“执行训练”组件。拖曳“执行训练”组件至画布中，并与“设置配置项”组件相连，如图 7-24 所示。

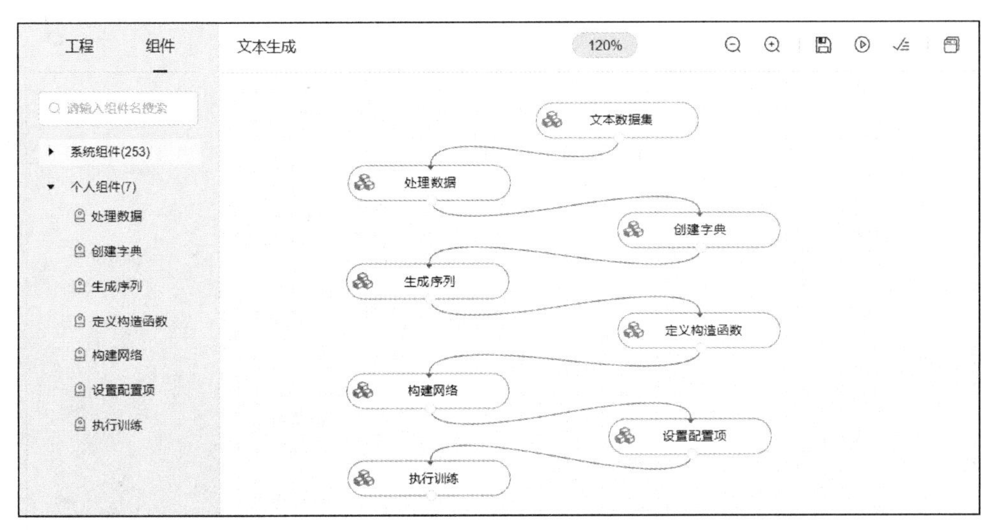

图 7-24　将“执行训练”组件与“设置配置项”组件相连

3. 定义文本生成器

在生成文本工程中，需要先加载训练好的权重，然后从序列集合中随机抽取一个样本作为生成器的输入，开始生成下一个字符，定义文本生成器的具体步骤如下。

（1）创建“文本生成器”组件。进入“个人组件”模块，单击新增个人组件，在“组件名称”文本框中输入组件名“文本生成器”，在“计算引擎”框中选择“Python”，将“组件代码”中的示例代码替换为本书配套资料“文本生成器.py”文件中的内容。成功创建的“文本生成器”组件如图 7-25 所示。

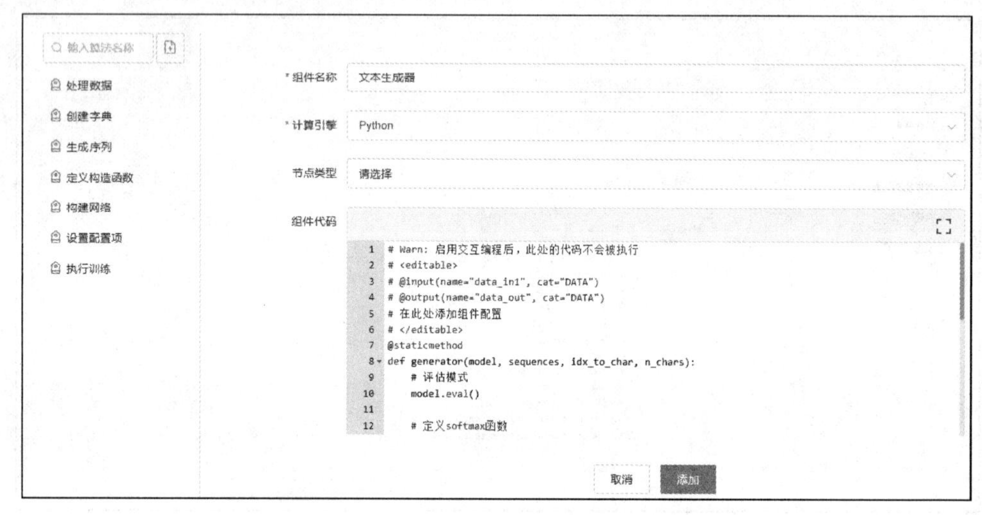

图 7-25　成功创建“文本生成器”组件

（2）连接“文本生成器”组件。拖曳“文本生成器”组件至画布中，并与“执行训练”组件相连，如图 7-26 所示。

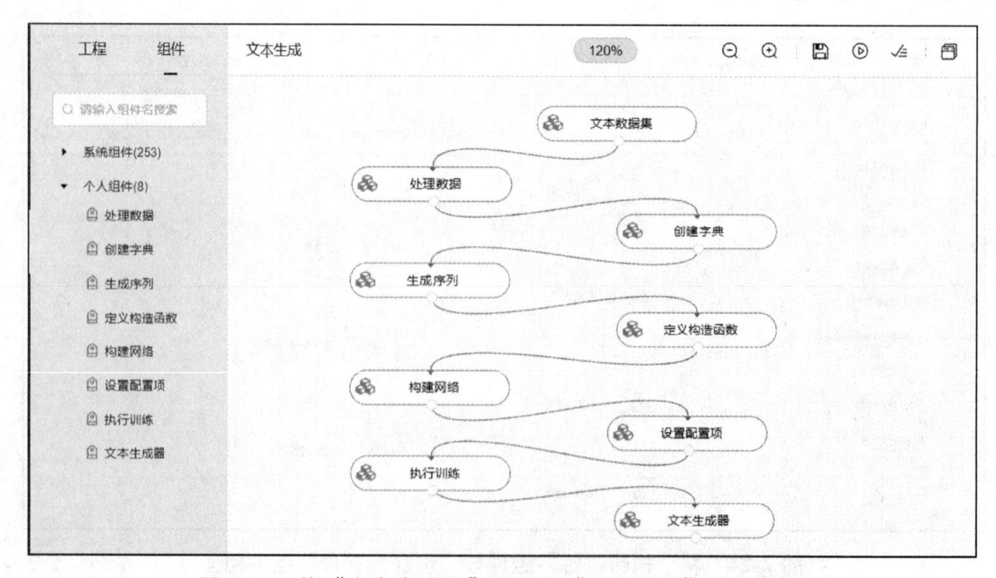

图 7-26　将“文本生成器”组件与“执行训练”组件相连

7.2.5 结果分析

定义完文本预处理、构建网络、训练网络的相关函数后，需要通过主函数调用它们，得到文本生成的结果，并对结果进行分析，具体步骤如下。

（1）创建“主函数”组件。进入“个人组件”模块，单击新增个人组件，在“组件名称”文本框中输入组件名“主函数”，在“计算引擎”框中选择“Python”，将“组件代码”中的示例代码替换为本书配套资料“主函数.py”文件中的内容。成功创建的“主函数”组件如图 7-27 所示。

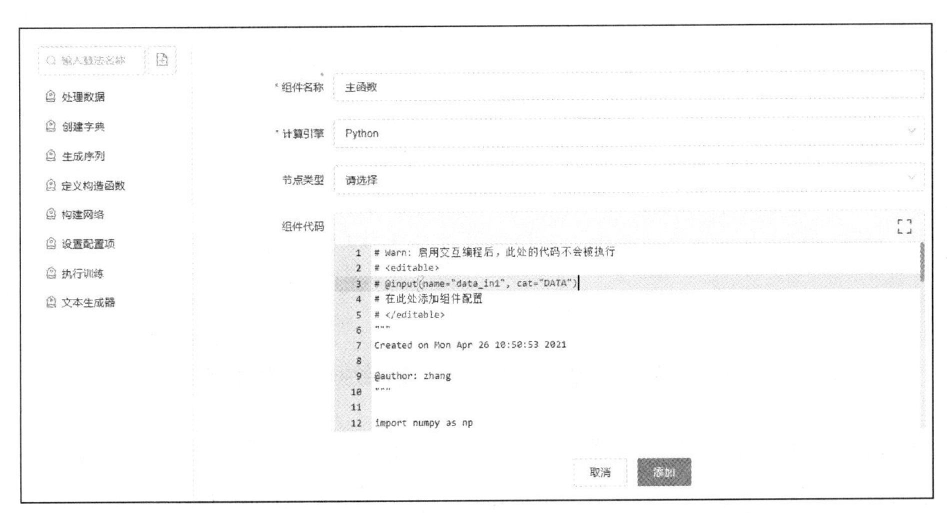

图 7-27 创建“主函数”组件

（2）连接“主函数”组件。拖曳“主函数”组件至画布中，并与“文本生成器”组件相连，如图 7-28 所示。

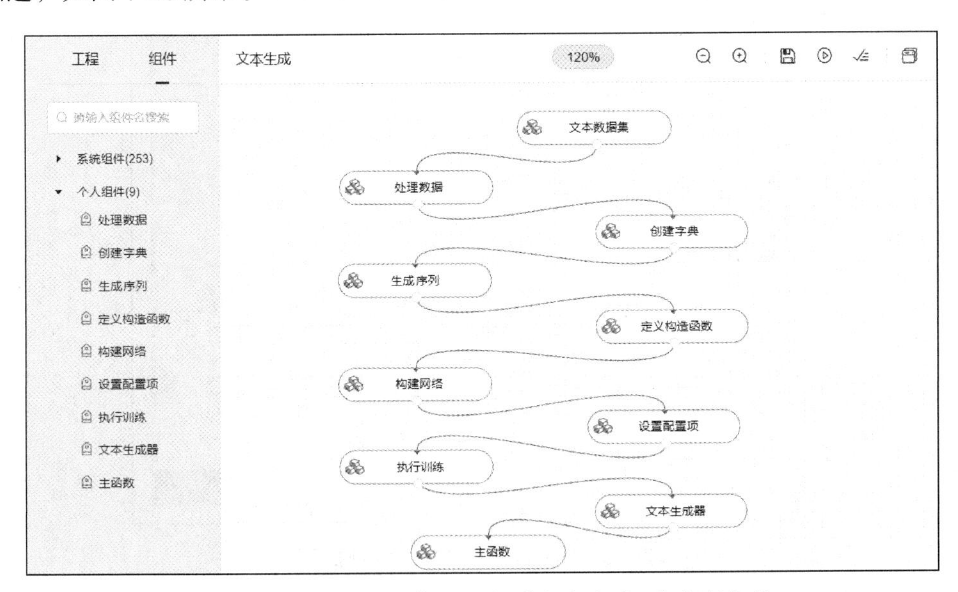

图 7-28 将“主函数”组件与“文本生成器”组件相连

若因平台的传输延迟而遇到数据传输的问题，可以将“主函数”组件直接与“文本数据集”组件相连，如图 7-29 所示。

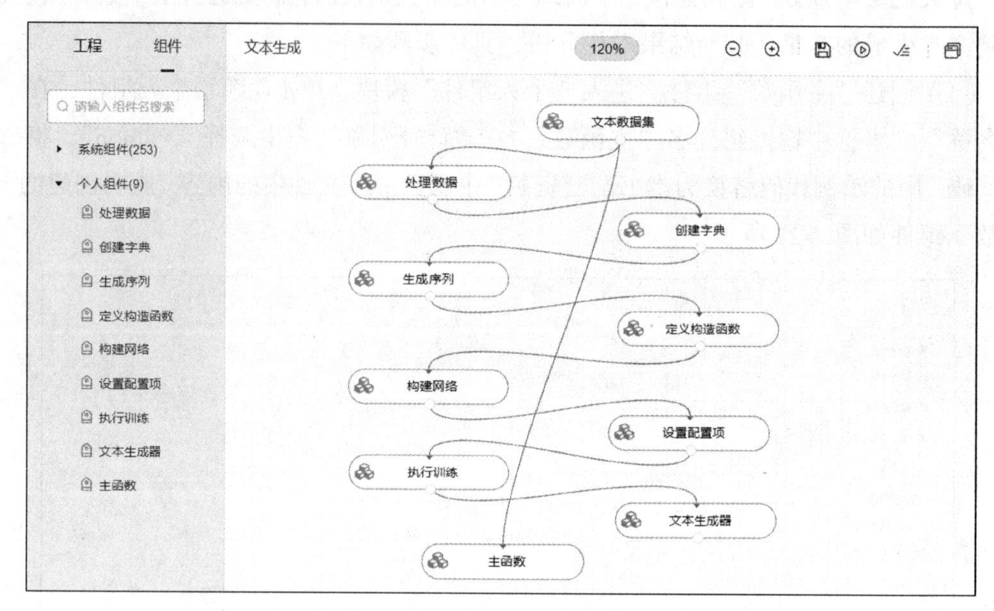

图 7-29　将“主函数”组件与“文本数据集”组件相连

（3）查看“主函数”组件日志。右键单击“主函数”组件，选择“全部运行”，以运行主函数。运行完程序之后，右键单击“主函数”组件，选择“查看日志”，结果如图 7-30 所示。

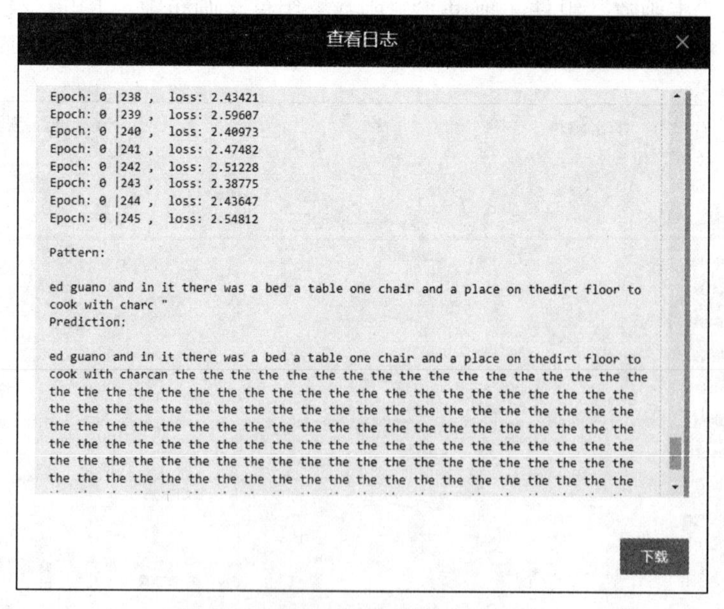

图 7-30　查看“主函数”组件日志

由图 7-30 可知，训练完毕的模型可以较为正确地预测目标文本的后 5 个字母，但是在 5 个字母后会出现大量的无意义的循环，这可能是训练时长不够导致的。

小结

本章介绍了如何在 TipDM 大数据挖掘建模平台上配置文本生成工程，从文本预处理开始，再到构建网络，最后训练网络生成文本，使读者对文本生成工程的了解更加深入。同时，平台去编程、拖曳式的操作，方便没有 Python 编程基础的读者构建文本识别工程。

实训　通过 TipDM 平台实现基于 LSTM 网络的文本生成

1. 训练要点

掌握使用 TipDM 大数据挖掘建模平台实现基于 LSTM 网络的文本生成。

2. 需求说明

参照第 5 章的实训，使用 TipDM 大数据挖掘建模平台实现基于 LSTM 网络的文本生成，具体步骤参照第 7 章中的步骤。

课后习题

在平台上改变“设置配置项”组件中的迭代次数，优化网络的输出结果。